I0068792

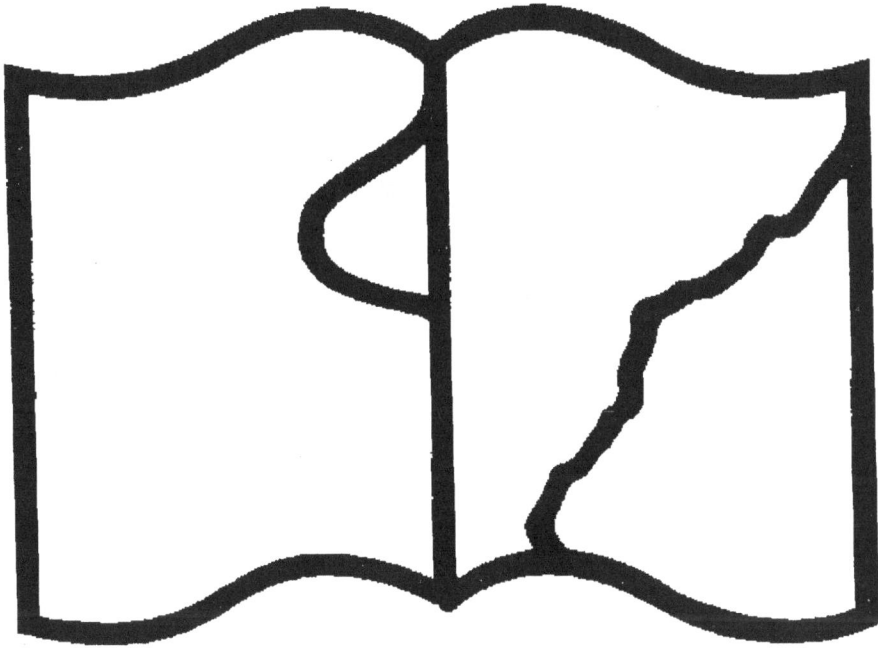

Texte détérioré — reliure défectueuse

NF Z 43-120-11

Contraste insuffisant

NF Z 43-120-14

S°V
2710

LE VÉRITABLE

MÉTROPOLITAIN

PAR

CH. TELLIER

INGÉNIEUR CIVIL

Servir tous les intérêts, tel est
le but que doit atteindre une
aussi grande entreprise.

PARIS

LIBRAIRIE CENTRALE DES SCIENCES.

MATHÉMATIQUES, ÉLECTRICITÉ,

ARTS MILITAIRES ET INDUSTRIELS, AGRICULTURE, ETC.

J. MICHELET, Éditeur

25, QUAI DES GRANDS-AUGUSTINS (PRÈS LE PONT ST-MICHEL)

1891

Tous droits réservés

LE VÉRITABLE MÉTROPOLITAIN

Victor Rose, Paris.

LE VÉRITABLE MÉTROPOLITAIN

SOMMAIRE

LE VÉRITABLE

MÉTROPOLITAIN

PAR

CH. TELLIER

INGÉNIEUR CIVIL

Servir tous les intérêts, tel est
le but que doit atteindre une
aussi grande entreprise.

DÉPOT LÉGAL
Seine
N° 1791
1891

PARIS

LIBRAIRIE CENTRALE DES SCIENCES.

MATHÉMATIQUES, ÉLECTRICITÉ,

ARTS MILITAIRES ET INDUSTRIELS, AGRICULTURE, ETC.

J. MICHELET, Editeur

25, QUAI DES GRANDS-AUGUSTINS (PRÈS LE PONT ST-MICHEL)

——

1891

Tous droits réservés

EXPOSÉ

Ce qui distingue le système que je propose des autres projets de Métropolitain, c'est une idée dont la réalisation est absolument nécessaire aux besoins de circulation de Paris et que voici :

Etablir une harmonie parfaite entre le Métropolitain à créer et les omnibus remaniés, qui, eux, véritablement, conduisent le voyageur à domicile.

La première conséquence de cet état de choses sera de conserver à Paris sa physionomie animée; de ne nuire dès lors à *aucun des nombreux intéréts commerciaux existant, qui, sans cette circonstance, ser ont absolument perturbés.*

Il ne faut pas oublier, en effet, que le commerce à Paris, tant par les loyers immenses qu'il paie à la propriété que par le chiffre de transactions considérables par lui produit, doit être avant tout satisfait.

Or, toute voie souterraine causera infailliblement une soustraction notable de la circulation dans les rues. Elle sera donc un dommage sérieux pour les commerçants et par conséquent pour les propriétaires. La preuve, que la circulation a une haute influence sur les intéréts commerciaux, c'est que plus une rue est fréquentée, plus les loyers sont chers.

Ce fait démontre, d'une manière absolue, que le commerce parisien trouve bénéfice à ce qu'il y ait le plus de passants possible. Il faut donc, avant tout, lui conserver cet élément d'activité.

Elevant maintenant la question à un point de vue plus général, j'ajoute, que la conséquence d'un véritable Métropolitain, tel qu'il faut le concevoir pour Paris, est de réunir toutes les lignes ferrées. Il serait possible, en agissant ainsi, de constituer une sorte de garage immense, accessible à tous les trains, lequel ferait, de Paris même, la véritable gare centrale du monde continental.

Ceci sera avec le projet que je vais exposer.

Mais ce ne sont pas là les seuls avantages à trouver dans l'établissement d'un Métropolitain. Il en est d'autres, qu'il convient d'énumérer.

Il faut :

1° Ne nuire à personnne pendant la construction du Métropolitain; n'amener aucune perturbation sur la voie publique. *Or mon projet n'arrêtera pas un jour la circulation, en n'importe quel point des travaux* ;

2° Fournir un travail intelligent à nos populations ouvrières et ne pas leur apporter de simples travaux de déblai;

3° Embellir Paris et non l'assombrir ;

4° Procurer aux voyageurs, pendant le parcours, la vue agréable du Paris vivant, animé; plus un air sain, pur, et non les enfouir dans un tunnel obscur, dégoûtant d'infiltrations nauséabondes;

5° Ne déplacer aucun intérêt;

6° Ne pas nuire à la propriété, lui donner au contraire une notable plus-value.

Tous ces avantages sont obtenus avec le projet que je vais développer.

Enfin, ce même projet résout une autre question très importante, et c'est le seul qui arrive à ce résultat : le transport des voyageurs à bon marché.

Si, en effet, nous admettons la situation découlant forcément de tous les projets proposés, nous arrivons à cette conclusion, que le public, dans le plus grand nombre de cas, paiera deux fois :

Une fois pour le Métropolitain ;

Une autre fois, pour se rendre de la station du Métropolitain chez lui et réciproquement. Et encore souvent, sera-t-il amené à payer trois taxes successives pour se rendre définitivement à destination.

Cette succession de taxes ne serait rien si chacune d'elles était minime ; mais, par la force même des choses ainsi créées, elles seront élevées. L'économie désirée dans le transport des voyageurs, ne sera donc pas obtenue.

Le mode, que je propose, obvie à ces inconvénients en réduisant à un prix régulier de dix centimes chaque perception.

Donc, dans nombre de cas, le public paiera seulement dix centimes;

Dans d'autres cas, il paiera deux fois dix centimes, soit vingt centimes;

Dans les circonstances les plus défavorables, il dépensera trente centimes.

Cette dernière combinaison suppose un voya-

geur partant d'un des points les plus excentrés de
Paris, ponr aller à un autre point non moins
excentré.

Ainsi, avec le véritable Métropolitain, ce prix
de trente centimes sera le maximum demandé
au public. Avec lui, on ira partout à domicile,
aussi bien à l'intérieur qu'à l'extérieur des véhicules.

Or, quel est, dans tous les projets proposés, le
système qui transportera à aussi bas prix en
réunissant de plus tous les avantages que je viens
d'énumérer???

Il n'en est pas !

C'est à justifier que tous ces avantages
sont obtenus par le véritable Métropolitain,
que vont être consacrées les lignes suivantes.
Je prie mes lecteurs de bien vouloir leur
donner attention, car je suis persuadé que
plus mon projet sera étudié, plus il sera compris, et plus on se convaincra des facilités qu'il
comporte.

Je dois rappeler, en terminant cet exposé, que ce
projet de Métropolitain ne surgit pas d'aujourd'hui,
mais que, dès 1885, il a été produit et soumis aux
pouvoirs publics, que par suite il n'est la copie
d'aucun autre.

CH. TELLIER
20, rue Félicien-David (Paris-Auteuil)

Paris, 15 *mars* 1891,

LE
VÉRITABLE MÉTROPOLITAIN

La question du chemin de fer Métropolitain s'impose pour Paris.

Nombre de projets ont été présentés, cherchant à éviter les difficultés nombreuses et sérieuses, que comporte la solution du problème.

Aucun n'a, jusqu'à présent, paru répondre efficacement aux besoins à satisfaire, parce que :

D'une part, la question technique est difficile à résoudre, en raison des conditions présentées par le parcours de Paris ;

Que d'une autre, on s'est plus préoccupé d'un mode de transport quelconque, que des satisfactions à donner à la population parisienne. Condition, cependant, qui domine la question et qui m'est apparue avant tout comme une nécessité.

Ceci posé, disons que le nom de Métropolitain n'est pas la dénomination vraie à employer pour les projets jusqu'ici mis en avant. Cette appellation n'est, en effet, pour eux, qu'une simple imitation de celle donnée à Londres au chemin de fer souterrain.

A Londres, ce nom, au début, était applicable. Il est naturel qu'il se soit perpétué, car la première création avait pour but d'amener vers la Cité, c'est-à-dire vers la métropole, qui constitue un monde à part, la circulation.

A Paris, les choses ne sont plus identiques. Elles diffèrent, au contraire, absolument.

Il n'y a plus, en effet, comme à Londres, ce vaste courant, qui, le matin, se dirige sur la Cité, pour en être ramené le soir;

Il n'y a pas l'afflux de gens d'affaires, qui, tout le jour, viennent vers la Banque et les grandes institutions de crédit ou de commerce existantes dans la Cité;

Il n'y a pas, non plus, cette vaste surface que couvre Londres, et qui force la population à se centraliser et à se disséminer soir et matin.

Nos usages, ici, sont différents; nous n'avons pas, nous, d'aussi grands centres d'attraction. Par suite, la circulation est à peu près partout active dans Paris. Pour la servir utilement, il faut dès lors se pénétrer de cette condition absolument inéluctable, qu'il est nécessaire de disséminer en tous sens les moyens de locomotion et non de les faire converger vers un seul point.

Pour finir sur ce sujet par une comparaison rapide, disons qu'à Londres c'est une concentration et une décentralisation absolues qui s'opèrent chaque jour; tandis qu'à Paris c'est un épanouissement, pour ainsi dire permanent de la population, qu'il faut savoir favoriser. Le but à atteindre est, par suite, complètement différent.

Ce ne sera donc pas avec les trajets souterrains, forcément limités par la difficulté de leur construction et le coût en résultant, que satisfaction sera donnée aux besoins du public;

Ce ne sera pas non plus avec les projets aériens présentés par divers ingénieurs, que le problème sera mieux résolu.

Quelques-uns de ces projets, et les plus préconisés, ont surtout en vue une ou deux trajectoires entre les grands quartiers.

Or ceci n'est pas résoudre la question.

Il faut, pour la trancher, rappelons nous le, non seulement toucher les nœuds de grande circulation ; mais en même temps atteindre tous les quartiers, même les plus excentriques, qui doivent être, eux aussi, compris dans les facilités de circulation données au public.

D'autres projets établissent leurs tracés dans l'axe même de nos rues.

Mais la nécessité de rencontrer des voies suffisamment larges pour permettre l'établissement de lignes vraiment utiles restera un obstacle. En tous cas, ces lignes gêneront toujours par leurs assises, leurs pieds droits, la circulation urbaine.

Celle-là, il faut, avant tout, la satisfaire. Si pour cela nous voulons désencombrer nos rues, ne commençons pas par les obstruer.

*
* *

Puisque nous voulons imiter, au moins par l'appellation, nos voisins les Anglais, faisons comme eux, respectons d'abord ce qui existe.

Or, il ne faut pas l'oublier, les omnibus et les tramways rendent de très grands services. Le méconnaître serait être injuste.

Ces services ne sont pas, je le sais, aussi complets qu'on pourrait le désirer.

Ce résultat négatif tient, moins à la nature des véhicules employés, qu'au mode d'action établi maintenant, lequel n'est autre que le développement naturel des errements acceptés lors de la création, et plus tardivement de la réfection de ce genre de circulation.

En effet, quand on a établi les premières lignes d'omnibus, on s'est évertué à chercher les voies populeuses, on a été conduit à allonger les parcours.

Ceci était alors rationnel, puisqu'il s'agissait de recueillir le plus de voyageurs possible, de rendre par suite l'entreprise meilleure.

Mais la conséquence de ce premier état de choses a été fâcheuse. Elle a habitué le public à perdre un temps précieux, et d'autant plus considérable que plus tard, en augmentant la capacité des voitures, on a espacé les départs, ce qui a nui considérablement à la rapidité de la circulation.

Cette perte de temps est beaucoup plus importante qu'elle n'apparaît tout d'abord. Il est bon de l'analyser.

En comptant :

1º Avec les détours . . . . 3 minutes.
2º La vitesse réduite. . . . . . 5 —
3º Le temps des correspondances. 5 —
4º L'espacement des départs. . . 6 —
5º Le contrôle des bureaux . . . 3 —

Temps moyen, que l'on peut appliquer à chacune de ces causes d'arrêts. ——

On trouve que : 22 minutes sont ainsi inutilement employées par voyage.

Pour ne pas être taxés d'exagération, admettons seulement 15 minutes en moyenne.

Ceci paraît peu de chose.

Cependant, si on applique ce quantum au mouvement quotidien dans Paris, on est effrayé en voyant la masse de temps ainsi perdue par sa population, laquelle, étant réputée la plus intelligente du monde, doit être, par conséquent, la plus avare de ses instants.

Un calcul simple peut nous permettre de préciser la valeur de la perte ainsi causée à tous.

Ce calcul, le voici :

Laissant de côté la période de l'Exposition, qui est exceptionnelle, il y a eu, ces dernières années, dans Paris, une circulation d'au moins 260 millions de voyageurs.

Multipliant ce chiffre par 15 minutes et le divisant par la durée d'une journée ordinaire de travail, soit 600 minutes, on trouvera que dans ces conditions, c'est un total de 6 millions et 500.000 journées, qui sont ainsi annuellement perdues pour l'activité parisienne. En estimant à 5 francs la moyenne de chaque journée, c'est une somme de 32 millions de francs qui disparaît ainsi de la fortune publique.

On comprend qu'à notre époque, où le prix du temps se montre, chez tous les peuples éclairés, comme étant la première des valeurs, celle qui est née avec nous, qui, par suite appartient forcément à tous, on comprend, dis-je, combien une semblable perte est fâcheuse.

Dès lors surgit la nécessité d'obvier à cet ordre de choses, et précisément la question du Métropolitain arrive opportune pour permettre d'y remédier.

Mais il y a Métropolitain et Métropolitain. Or j'ai dit, et je vais le démontrer, que le seul vrai, le seul réellement utile, c'est celui qui se combine avec un rayonnement complet d'omnibus.

Là est l'unique solution. Et pour, dès à présent, la synthétiser en quelques mots, je dis que ce qu'il convient de faire, c'est de refondre le plus grand nombre des lignes actuelles d'omnibus et de tramways en des services plus complets, plus actifs, les faisant en même temps converger avec un chemin de fer central, traversant tout Paris, qui sera alors et par conséquent le véritable Métropolitain.

* *
*

Ces préliminaires posés, voici comment nous comprenons la solution du problème.

Sur toute la longueur de la Seine, dans son axe, et dans toute la traversée de Paris, serait établie, à six mètres au-dessus des ponts, une quadruple voie ferrée.

Cette installation serait formée par un immense viaduc à treillis, suffisamment large, reposant de cent mètres en cent mètres sur deux ou trois piliers.

La planche I, placée en tête de cette brochure, montre dans son ensemble, comme dans quelques-uns de ses détails, la voie métropolitaine ainsi combinée.

L'espacement de chaque série de piles varierait

nécessairement à chaque pont, chacun d'eux devant naturellement se trouver dans l'axe d'une arche de la voie nouvelle, *mais sans être touché par elle.*

Cette combinaison aurait l'avantage de n'obstruer, ni la circulation des rues, ni celle des ponts, ni celle de la navigation. Le cours de l'eau ne serait pas non plus contrarié; car les piliers supportant l'ouvrage, prendraient moins de place dans le lit de la rivière, que les piles et retombées de voûtes des ponts existants. (*Voir la planche* 1re).

Aucune maison ne serait obscurcie ou gênée, le fleuve étant assez large, pour que les édifices, bordant ses quais, soient très éloignés de la voie projetée.

Quant à la physionomie générale de Paris, elle ne serait pas altérée. L'art de l'ingénieur est assez avancé aujourd'hui pour savoir harmoniser un semblable travail avec la vaste trouée formée par la Seine. Sa construction serait donc en rapport avec les exigences de grandeur comportées par la capitale.

Enfin, nulle question d'expropriation ne surgirait pour l'intérieur de la ville.

Nous avons dit que quatre voies seraient établies sur la superstructure du viaduc ainsi formé.

Sur ces quatres voies: deux seraient réservées à la grande circulation, deux aux besoins urbains.

En ce qui concerne la grande circulation, le viaduc, sortant à chaque extrémité de Paris, se relierait aux six grands réseaux existants.

Les lignes de l'Ouest (rive gauche et rive droite), celles d'Orléans, de Lyon, y viendraient naturellement.

Celles du Nord et de l'Est semblent, à première vue, moins favorisées.

Mais, si l'on examine la carte des environs de Paris, page 47, on voit, que la Seine, à son entrée en ville, arrive par le Nord-Est.

Profitant de cette circonstance, il devient possible, par un raccordement de quelques kilomètres, de faire arriver ces lignes au même point que celle de Lyon, et par conséquent de les relier à la voie métropolitaine.

Sept gares: Ivry, Bercy, Pont de Sully, Pont-Neuf, Concorde, Alma, Point - du - Jour, permettraient à tous les trains venant de n'importe quelle contrée, de déverser leurs voyageurs dans toute la traversée de Paris.

Le problème, si désiré, de la pénétration en ville des trains de voyageurs venant de la province et de l'étranger, se trouverait donc ainsi largement résolu.

La ligne parisienne partirait, elle, de Billancourt pour aller à Alfortville et réciproquement.

Les trains se succèderaient de trois minutes en trois minutes.

Vingt-six stations seraient établies pour le service des voyageurs urbains et de la banlieue.

Le prix serait de dix centimes pour n'importe quel point du parcours,

Des premières pourraient être établies à vingt centimes.

Pour celles-ci seulement on délivrerait des billets. Les places ordinaires se paieraient en passant aux tourniquets compteurs.

Aux gares extrêmes se trouveraient des embranchements correspondant, par la ceinture, avec la banlieue de Paris.

Tout cet ensemble constituerait la voie véritablement métropolitaine.

Reste à envisager maintenant la circulation complémentaire dans les rues mêmes de la capitale. C'est ce service essentiel, négligé dans les autres projets, qui m'a préoccupé. C'est lui qui doit compléter le réseau et être, à la ligne métropolitaine, ce que les artères et les vaisseaux capillaires sont à l'aorte dans la circulation du sang. C'est lui, en un mot, qui doit être l'agent disséminateur par excellence.

Pour donner satisfaction à cette partie de la question, il partirait, de chaque station de la voie ferrée, en ligne aussi directe que possible et opposée, deux omnibus ou tramways. L'un irait vers la périphérie droite de la ville, l'autre vers la périphérie gauche.

Paris serait ainsi sillonné par au moins vingt-deux doubles lignes parallèles, aboutissant toutes aux gares du chemin de fer de ceinture ; lignes, qui auraient des départs toutes les trois ou cinq minutes et se croiseraient avec celles des boulevards intérieurs et extérieurs.

Par suite de ces facilités, les correspondances seraient supprimées, aussi les bureaux et leur personnel. Nous verrons plus loin que cette simplification peut se faire sans léser les intérêts, assurément fort respectables, des employés.

Le prix serait uniforme, soit dix centimes sur l'impériale comme dans l'intérieur.

2

Pour faire la perception et simplifier le service, ce qui serait nécessaire avec l'immense circulation qui *naîtrait* de ce système de transport, on paierait en montant.

Il suffirait pour cela, que le public sût qu'on ne rendra pas de monnaie.

A première vue, ce système pourra paraître un peu draconien. Si l'on considère les précédents, on verra, au contraire, qu'il n'y aura là nulle difficulté.

Le public s'est vite habitué à l'affranchissement des lettres.

Aux expositions, il sait ainsi payer.

Disons enfin, qu'en fait, il aura beaucoup moins de peine à se précautionner de monnaie, qu'à aller, ainsi qu'il y est astreint maintenant, piétiner dans la boue pour chercher un carton de correspondance.

A New-York on opère encore plus simplement.

Un tronc en cristal est placé dans l'omnibus. Le voyageur paie en montant. C'est le public qui lui-même surveille le paiement. Et il le fait régulièrement, car chacun sait, là-bas, que faciliter un service public, c'est obtenir de plus grands avantages pour tous.

Il en sera de même ici. On comprendra vite que, grâce à cette uniformité de taxe apportée par le véritable Métropolitain, de nombreux avantages surgiront pour les voyageurs.

Et en effet, plus de guichets, plus de billets à aller chercher, plus de temps perdu. Chacun portera en sa poche son ticket sous la forme d'une pièce de 2 sous jetée en passant. Et voilà la population de Paris, si pressée, si enfiévrée, qui trouvera enfin toutes barrières tombées devant son activité.

Est-ce que ce n'est pas là encore ce que veut le progrès en semblable matière ?

Tout ceci étant expliqué, il devient facile de comprendre les immenses facilités qui seront données au public, au moyen du vaste ensemble de circulation que je viens de décrire.

1° Il se croiserait, comme je l'ai expliqué, avec les lignes transversales déjà établies : boulevards intérieurs, boulevards extérieurs ;

2° Il rejoindrait toutes les gares de ceinture ;

3° En un mot, il couvrirait tout Paris, n'y laissant pas un coin qui ne soit accessible.

Ce ne serait plus alors 260 millions de voyageurs, qui seraient transportés, mais un nombre beaucoup plus considérable. Et en effet, dès qu'on ne prendra que 10 centimes par parcours isolé, et qu'on trouvera rapidement et aisément de la place, les plus petits trajets se feront en voiture.

Là est la solution vraie du problème de la circulation dans Paris ; la seule qui puisse donner satisfaction à la population, celle à laquelle on reviendra forcément plus tard, si ce projet n'est pas accepté présentement.

A l'appui de cette affirmation, qu'il me soit permis de citer un fait personnel.

Il y a 33 ans (en 1858), j'avais proposé à la ville l'emploi de l'air comprimé pour distribuer dans tout Paris la force motrice, le froid, à domicile.

Je fus repoussé par l'administration, qui ne vit pas là, alors, un progrès utile.

Aujourd'hui ce progrès est accompli. Mais c'est à un étranger, M. Popp, que l'administration a accordé le privilège,refusé au début à l'inventeur,qui, lui, était français.

Je n'entends pas ici faire un procès de tendance à M. Popp, qui n'est d'ailleurs pas responsable de cette situation. J'entends seulement constater un précédent et dire : que si le projet que je présente est aujourd'hui refusé, avant trente ans, l'envahissement des gares,déjà débordantes les jours fériés, (voir la gare de l'Ouest) les besoins de circulation qui s'accentueront, la nécessité d'une voie centrale pour les lignes de province, forceront à ouvrir les yeux et à voir *que la Seine est la seule percée, qui reste libre, pour centraliser, véhiculer, disperser par des moyens accessoires, l'immense besoin d'action qui régit et régira de plus en plus la capitale.*

* *

Voyons, maintenant, le côté économique de la question. Considérons d'abord la voie ferrée.

Le trajet à parcourir en ville est d'environ 12 kilomètres, ci. . . . . 12 kilomètres.
Celui des approches en dehors
des fortifications, de . . . . . 5 »
Ensemble . . 17 kilomètres.

D'après une évaluation sommaire, le coût de chaque kilomètre doit être estimé de 10 à 12 millions.

Admettons ce dernier chiffre,
puisqu'il est le plus élevé .
Ce sera donc pour 17 kilom. 204,000,000 fr.
Ajoutons à cela :
Construction des gares. . . 15,000,000 »
Voies de raccordement avec
les lignes de province, environ . 36,400,000 »
Nous trouverons pour l'ensemble 255,400,000 fr.

Ce coût est assurément élevé.

Mais il s'agit de Paris, ville exceptionnelle, et dans laquelle on ne peut appliquer les prix de construction des voies ferrées ordinaires.

Du reste, si nous considérons celui des chemins de fer souterrains proposés, celui des chemins de fer aériens dans les rues également proposé, nous verrons, que tous, avec de bien moindres avantages, reviendront à un prix infiniment plus élevé.

A l'appui de ceci, rappelons que les dernières voies du Métropolitain de Londres ont coûté dans la Cité jusqu'à quarante millions par kilomètre. C'est dire jusqu'où peut conduire l'imprévu dans ces sortes de travaux.

Le réseau d'Omnibus et de Tramways, que la Compagnie actuelle des Omnibus est d'autant plus apte à établir qu'elle est déjà organisée et qu'une vaste exploitation est nécessaire à cet état de choses, demandera très probablement un capital de 150 millions. Mais ce capital existe en très grande partie, représenté, qu'il est, par le matériel de la Compagnie existante.

Admettons qu'il se fonde avec celui nécessité par la construction du véritable Métropolitain, ce serait un capital total de 406 millions, dont il faut trouver le rapport. Il est déjà fourni, en partie, par le trafic actuel des omnibus.

Nous devons admettre qu'avec la circulation réalisée comme il vient d'être expliqué, le chiffre des voyageurs sera augmenté en de telles proportions, que nous serions conduits, nous le verrons plus loin, à transporter 925 millions de voyageurs;

ce qui, avec la progression naturelle de 3 1/2 0/0 existant annuellement dans les transports, nous amènera en deux ans à un milliard de voyages.

Cette estimation n'est pas forcée, par la raison simple, que les correspondances étant supprimées, il y aura beaucoup plus de voyageurs ; et que, d'autre part, les facilités données de tous côtés amèneront à voyager plus fréquemment.

Un exemple de cette situation est fourni par les bateaux-omnibus. Quand ils prenaient 20 à 25 centimes, les voyageurs étaient peu nombreux; quand ils se sont réduits à 10 centimes, leur trafic est devenu considérable. En fait, il faut qu'il ait au moins triplé, pour que cette administration ait eu avantage à maintenir un prix réduit de 50 0/0.

Le bénéfice, par voyageur, sera beaucoup plus grand avec le nouvel état de choses, que maintenant, par la raison simple que, les correspondances étant supprimées, tous les frais de locations de bureaux, d'employés, etc., etc., n'existeront plus ; qu'ensuite la traction, faite par des moyens meilleurs, coûtera moins cher.

En résumé, on peut estimer le bénéfice être, non pas de 50 à 60 0/0 comme dans les chemins de fer, mais de seulement 33 0/0, sans préjudice des 32 millions perdus annuellement par le public en temps, et qui seront regagnés, au grand profit de l'activité des affaires.

Or, ce bénéfice sera vite dépassé ; car l'augmentation normale de la circulation apportera une augmentation constante des gains, tandis que les frais généraux progresseront dans une proportion beaucoup moindre.

En ces conditions, ce sera, pour une recette brute de 100,000,000 de francs: 33,500,000 fr. de bénéfices, soit 8,25 0/0 du capital engagé; étant admis, que ce capital comporterait le rachat de la Compagnie d'Omnibus et de ses privilèges, ce qui constituerait, rappelons-le, un actif déjà considérable.

*
* *

Dans ce qui précède, j'ai esquissé à grands traits l'étude du véritable Métropolitain.

Je vais maintenant discuter les objections que l'exposé du projet aura pu faire naître.

La première objection a trait au coup d'œil général de la Seine.

Il est facile de répondre à cette objection.

Ce côté de la question préoccupe si peu, à notre époque, que, non seulement on a garni d'arbres nos quais, mais encore qu'on en plante sur la berge même de la Seine. Cette disposition fait que la ramure de ceux placés ainsi en contre-bas vient justement boucher les échappées laissées par les plantations supérieures.

C'est donc un rideau de verdure, qu'on substitue au coup d'œil général de la Seine, et personne ne se plaint de cet état de choses.

Du reste, si, aux divers âges, cette question avait aussi largement préoccupé, il n'aurait pas été possible de donner aux habitants, lors du développement des cités, les facilités nécessaires.

Ainsi, à Paris, il n'aurait pas fallu bâtir autour de Notre-Dame, pour n'en pas dissimuler les lignes grandioses.

Il n'aurait pas fallu enclaver la Sainte-Chapelle,

ce modèle exquis de l'art du moyen âge. Il n'aurait pas fallu construire les ponts et les quais ; les anciens bacs ayant l'avantage de ne pas rompre les lignes du fleuve et de lui laisser sa primitive beauté.

En un mot, il faudrait faire céder les nécessités de la vie au seul besoin de la contemplation.

Ceci ne peut être, du moins en proportion aussi exclusive. D'autant mieux qu'il est facile de combiner les choses de telle façon que satisfaction soit donnée aux exigences de luxe, de grandeur, d'une ville comme Paris, mais aussi aux besoins de sa population.

La deuxième objection, et la plus importante de toutes, est relative à la traversée de la place de la Concorde.

Là, il ne faut pas se le dissimuler, gît la plus grande difficulté du projet.

La place de la Concorde est assurément la plus belle du monde ; il faut donc absolument, que rien ne vienne altérer sa splendeur. Il faut, de plus, que l'œil, en rencontrant l'horizon, ne puisse s'arrêter que sur des constructions en rapport avec la Madeleine et les bâtiments l'encadrant. Il faut, enfin, que MM. les Membres de la Chambre des Députés conservent la vue qui se déroule actuellement devant leur Palais.

Deux moyens se présentent de résoudre la question.

Le premier consiste à passer au niveau du pont de la place de la Concorde, lequel deviendrait une station principale, et à dériver la circulation générale par deux autres ponts en contre bas, jetés à

Figure 1. — Vue de la gare de la Place de la Concorde.

gauche et à droite de celui de la Concorde ; ponts auxquels on accèderait par des rampes monumentales habilement ménagées et en harmonie avec la décoration générale de la place.

Le nivellement de la Seine et de cette partie des quais permettrait cette inflexion de la ligne métropolitaine sans employer de pentes anormales.

Elle reprendrait au pont des Invalides et au pont Royal son niveau général.

Bien entendu le passage du pont de Solférino ne serait pas affecté par cet état de choses, qui doit avant tout respecter ce qui est le Paris actuel.

Le deuxième moyen consisterait à établir sur le pont de la Concorde une gare absolument monumentale, digne en un mot de tout ce que l'art de l'ingénieur, comme le savoir de nos artistes, peut concevoir de grand,

La planche 1re, qui nous présente un plan panoramique du véritable Métropolitain, nous laisse voir la gare de la Concorde telle qu'elle pourrait être établie, de manière à donner satisfaction à toutes les exigences que nous venons de signaler. La figure 1re ci-contre reproduit cette gare.

En étudiant cette planche 1re, il est, en effet, facile de constater que, sous le rapport de la décoration, du luxe, tout peut être combiné de façon à harmoniser le progrès à réaliser avec les magnificences existantes dans Paris. Cette gare, jetée en travers du pont de la Concorde comme le pont des Soupirs sur un des canaux de Venise, laisserait sous elle une large ouverture, qui, tout en permettant la circulation, prêterait de nouveaux effets à la perspective.

Cette ouverture ne serait plus comme à Venise de quelques mètres. Elle aurait une envergure d'au moins cinquante mètres de largeur sur six de hauteur. Par suite de cette ampleur, tout le péristyle de la Chambre des Députés serait dégagé.

La vue, pour MM. les Députés, ne serait donc pas obstruée et de ce chef nulle objection ne peut surgir.

Quant aux parties élevées du Palais, la place de la Concorde serait, c'est vrai, cachée pour elles. Mais elles ne comportent pas de jours, simplement des pierres, il n'y a donc pas à s'attacher à cette circonstance.

La façade de la gare du côté du Corps législatif étant identique à celle de la Concorde, l'harmonie voulue, entre cette façade et celle de la gare la regardant, serait conservée.

L'ensemble resterait donc complet, soit du côté de la Concorde, soit du côté du Palais législatif.

De plus, comme l'indique la planche 1ro, il y aurait assez d'espace entre les deux monuments pour que ni l'un ni l'autre ne soient écrasés.

Il convient de faire remarquer que, la gare de la Concorde étant une gare principale, MM. les Députés, ainsi que le personnel administratif de la Chambre trouveraient, dans la présence de cette gare, d'extrêmes facilités de circulation, soit pour Paris, soit pour les environs, soit pour la province.

En résumé, au lieu des lignes un peu abaissées du Palais législatif, qui limitent au sud la place de la Concorde, nous aurions dans ce cas un bâtiment élevé, beaucoup plus riche, qui, par des escaliers monumentaux serpentant au milieu de balustres, de candélabres, de décorations élégantes, se trouverait, des deux côtés de la Seine, relié avec les quais.

L'imagination cherchera vainement une plus belle situation, une occasion plus appropriée de décoration. Et, si le véritable Métropolitain n'était pas, avant tout, une œuvre utilitaire, on pourrait dire (laissant de côté le modèle présenté, qui peut être modifié en bien des sens), qu'il conduit à l'une des plus belles et des plus grandioses créations qu'il soit donné à l'homme de réaliser.

Loin donc de redouter, au point de vue de l'esthétique, la construction du véritable Métropolitain, il faut l'appeler avec ardeur ; car il y là une œuvre considérable à accomplir, digne de notre époque de progrès, digne de tous les talents appelés à l'embellir.

Disons à ce sujet que MM. Noel et Sollier, dont les œuvres statuaires sont connues de tout le monde, ont bien voulu nous prêter leur concours pour indiquer le parti, au point de vue artistique, qu'il est possible de tirer d'une semblable construction.

Si maintenant nous voulons examiner le reste du projet dans sa traversée de Paris, considérons la figure 2, ci-après, et reportons-nous pour l'ensemble à la planche 1ʳᵉ en tête de la brochure.

Cette figure 2 nous montre, en élévation, un tronçon du viaduc traversant Paris. On voit, par la hauteur des personnages figurés sur le quai, que ni la vue de la Seine, ni celle des quais opposés, ne serait en rien cachée pour le promeneur.

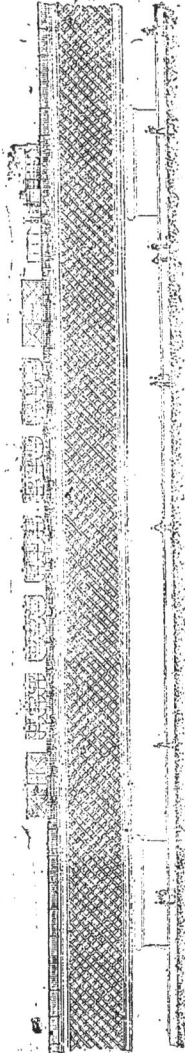

Figure 2. — Vue du viaduc traversant Paris.

La planche 1ᵉ d'ensemble déjà désignée nous présente, à vol d'oiseau, une partie de ce même viaduc. Elle permet de comprendre comment il peut s'établir dans l'axe de la Seine et dans toute la longueur de Paris, sans gêner qui que ce soit et quoi que ce soit.

Dans l'angle supérieur de cette planche nous retrouvons en élévation la gare de la Concorde, si l'on admet l'établir ainsi. Dans l'angle inférieur de la même planche se trouve le tracé d'une des 22 gares à établir sur chacun des ponts de Paris. La fig. 3 d'autre part reproduit l'une de ces gares.

La vue d'ensemble, ainsi présentée, démontre que la construction du véritable Métropolitain, dans aucun de ses détails, ne déparera en rien la capitale ; que toujours, au contraire, elle pourra s'allier aux conditions d'élégance et de luxe nécessaires à Paris ; qu'en somme, c'est une immense gare, rayonnant sur le

Fig. 3. — Vue d'une des gares du véritable Métropolitain.

monde entier, ayant pour longueur le développement des quais, qu'il s'agit de créer au centre même de la ville, apportant là une vie, une activité sans précédents.

Les autres objections, que nous avons à traiter, sont d'un ordre plus secondaire. Nous y répondrons succinctement.

L'une d'elles est relative aux courbes formées par la Seine. En étudiant à fond la question, on se rend compte que le plus petit rayon sera de 435 mètres. Dans un précédent projet, adopté par l'Administration, on avait admis un rayon minimum de 200 mètres. Donc point d'inconvénients.

Une autre objection est relative à l'établissement des piles dans le lit du fleuve.

Disons d'abord, que le plafond de la Seine est des plus favorables à ce genre de travail. Ainsi, tandis qu'à Kehl, sur le Rhin, il a fallu fonder les piles à 20 mètres de profondeur au-dessous de l'étiage, le pont au Change n'a exigé, lui, que 4 mètres.

L'écartement des piles a été indiqué, dans l'exposé précédent, être de 100 mètres environ. Cette dimension est nécessairement variable, car l'espacement irrégulier des ponts force à prendre aussi des écartements différents.

Ce qu'il importe seulement de noter, c'est qu'une envergure de 75 à 100 mètres n'a rien d'extraordinaire aujourd'hui pour de semblables travaux Le pont de Kuilenburg, sur le Lek, possède une arche de 150 mètres d'ouverture. Sans aller jusqu'à l'amplitude présentée par le pont de Forth, qui est de 521 mètres, disons que bien d'autres travaux présentent des dimensions analogues.

3

Les merveilles de l'Exposition de 1889, telles que la grande nef de M. Contamin et autres constructions, nous ont habitués à toutes les hardiesses de la science appliquée. Disons donc que, de ce côté, de grandes facilités nous sont laissées, sans pour cela toucher au domaine de l'imprévu.

Pour en finir avec cette question de piles, ajoutons que tantôt elles seront au nombre de deux, tantôt au nombre de trois, de façon à coïncider avec l'axe des piles des ponts existants. De cette façon le lit de la Seine ne sera pas obstrué. La navigation trouvera en effet partout de larges chenaux, qui assureront sa circulation, puisque les piles présenteront entre elles des écartements de 100 mètres environ, ce qui permettra l'évolution en tous sens de toutes espèces de bateaux. (Voir la planche 1re).

Etudions maintenant les avantages apportés par le véritable Métropolitain, et, tout à la fois, livrons-nous à une étude comparative entre les résultats par lui rendus possibles et ceux présentés par les autres projets.

En ce faisant, nous aurons occasion de répondre à d'autres objections qu'il est dès lors inutile de traiter ici spécialement.

AVANTAGES DU VÉRITABLE MÉTROPOLITAIN

ET

Examen comparatif des divers Projets présentés

Ici se présente une certaine difficulté.

Cette difficulté, c'est qu'il me faut forcément parler de travaux rivaux. Je le ferai avec tout le respect dû à des recherches consciencieuses.

Tous les projets, qui ont été produits, se résument en deux catégories principales :

Les chemins souterrains ;

Les chemins aériens.

J'ai eu occasion de voyager dans le Métropolitain de Londres, et beaucoup plus que je ne voulais, un jour que je n'ai pu réussir à me faire comprendre.

Je dois déclarer que je suis sorti de là absolument oppressé, et dans un état de fatigue tel, que j'aspirai ardemment au moment où je pourrais remonter à la surface du sol.

Le Métropolitain souterrain s'établira dans des conditions encore moins favorables pour le public de Paris.

A Londres, en effet, on trouve de grands espaces à découvert, ce qui ne sera pas possible pour Paris, où le terrain est si recherché. La conséquence de cet état de choses sera une plus grande incommodité pour le voyageur.

Sur ce sujet, je citerai une humoristique appré-
ciation de M. Joly, extraite d'une excellente étude·
faite par cet ingénieur, dans les *Annales indus-
trielles*, sur les projets de Métropolitain souterrain.

« Tous ces clients forcés, dit M. Joly, préfère-
« raient à coup sûr un Métropolitain-viaduc à un
« Métropolitain-tunnel.

« C'est que les Parisiens se rendent bien compte
« des inconvénients, que ces longs tunnels auront
« pour eux. Signalons-en quelques-uns, sur les-
« quels on a trop peu insisté jusqu'ici, bien qu'ils
« aient une grande importance pour le Parisien.

« C'est d'abord l'humidité permanente et tou-
« jours froide d'un souterrain, dont le niveau des
« rails sera toujours inférieur, de plus de 6 mètres,
« à celui de la chaussée. Cet inconvénient sera
« peut-être fort peu sensible en hiver, mais en été,
« ce sera, pour le Parisien et pour les Parisiennes
« en promenade et échauffés par la marche, de
« superbes occasions d'attraper des refroidisse-
« ments, des pleurésies, des bronchites, et autres
« maladies savantes en *ies* ou *ites*, dont ils ne se
« soucieront certainement pas de courir les ris-
« ques. Ajoutez-y le courant d'air perpétuel entre-
« tenu dans le souterrain par les ouvertures béan-
« tes des stations et par les cheminées d'aérage
« espacées de 50 mètres en 50 mètres, et vous
« verrez que la descente d'escaliers de 40 mar-
« ches au moins constituera durant tout l'été, pour
« la santé des voyageurs, un danger sérieux qui
« éloignera plus d'un Parisien de ce mode de
« transport.

« Un autre inconvénient, non dangereux, il est

« vrai, mais fort désagréable, sera l'atmosphère
« qu'on y respirera. Nous espérons certes bien
« qu'on excluera du Métropolitain les locomotives
« ordinaires à foyer, et qu'on n'emploiera, pour la
« traction, que des machines à vapeur surchauffée,
« des machines à air comprimé, ou même des ma-
« chines électriques. On évitera ainsi de vicier
« l'air avec la fumée des machines ; mais il restera
« l'inévitable fumée des fumeurs, incessamment
« entretenue dans le souterrain par le passage des
« trains bondés de voyageurs et se succédant de
« cinq minutes en cinq minutes. Il restera de plus
« cette odeur empyreumatique, qui imprègne le
« sous-sol de Paris, et dont on aura bien de la
« peine à débarrasser complètement le tunnel ; il y
« aura enfin la viciation de l'air par la respiration
« des voyageurs.

« Aussi, quelque parfaits que soient les moyens
« d'aération qu'on adoptera, nous craignons bien
« que les souterrains ne restent éternellement im-
« prégnés d'une odeur *sui generis*, qui en rendra le
« parcours extrêmement désagréable.

« Il est un autre inconvénient, qui aura le don
« d'horripiler singulièrement les Parisiens : c'est
« l'obscurité inhérente aux tunnels. On aura beau
« éclairer confortablement l'intérieur des wagons,
« les escaliers et les quais des stations, on n'en
« voyagera pas moins dans un tunnel obscur, et
« le Parisien, qui vit beaucoup par les yeux, se
« consolera bien difficilement d'être obligé de tra-
« verser Paris sans rien voir. »

Les lignes, qui précèdent, datent de plusieurs
années ; elles resteront toujours une vérité.

Voici maintenant, sous le pseudonyme « *Jean sans terre* », qui cache un des écrivains les plus sympathiques du *Petit Journal*, une étude humoristique, exprimant bien exactement l'opinion actuelle sur le nouveau Métropolitain souterrain proposé.

« Puisque l'enquête est ouverte, je demande la parole :

« La ligne métropolitaine dont nous postulons
« la concession, disent les démons du fer de Le-
« vallois-Perret, n'est à proprement parler qu'un
« anneau de chemin de fer à créer dans le centre
« de Paris, anneau partant de la Madeleine sous
« terre, pour y revenir en passant par l'Opéra, le
« faubourg Montmartre, la place de la République,
« la gare de Vincennes, la gare de Lyon, la gare
« d'Orléans, le pont Sully (retour sur la rive droite
« de la Seine), le boulevard de Sébastopol, la rue
« du Louvre, le Palais-Royal, et la place de la
« Concorde. »

« Tout ça, c'est des stations. Le voyez-vous,
« l'anneau ! Le voyez-vous bien, et voulez-vous me
« dire si un tel projet, la mesquinerie même, est
« digne de Paris, et digne de porter le nom de
« ligne métropolitaine ? C'est une manière de cir-
« que souterrain pour écureuils. Si on faisait ce
« chemin de fer insensé, nous aurions le droit de
« tourner autour de la tour Saint-Jacques, à des
« profondeurs variées, mais nos avantages s'ar-
« rêteraient là. La concurrence aux omnibus dans
« les profondeurs du sol, avec une station toutes
« les minutes, quoi ! Le nom d'Eiffel avait fait

« espérer un chemin de fer aérien grandiose. On
« nous offre une taupinière sans issue.

« Quant à nous transiter de la gare Saint-La-
« zare à la gare de Lyon, ou de la gare du Nord à
« la gare Montparnasse, quant à la connexion tant
« de fois demandée des grandes gares entre elles,
« néant.

« Pourquoi faire ? Eiffel dit une chose bien
« simple : « Je me confine dans un projet modeste.
« Je ne demande pas un sou pour l'exécuter et je
« pense gagner beaucoup d'argent en l'exploitant.
« Prenez mon anneau ! »

« — Voilà qui est parler, s'écrie-t-on en haut
« lieu. Justement nos finances ne sont pas bril-
« lantes. Le public nous embête avec le Métropo-
« litain, qu'il réclame comme un enfant depuis la
« guerre de 1870. Donnons-lui son Métropolitain
« et qu'il nous fiche la paix ! Eiffel propose de le
« faire ? Qu'Eiffel le fasse ! Il a pour lui le prestige
« de sa tour. Il ne demande ni subvention, ni ga-
« rantie pour nous faire un petit machin souterrain
« qui n'aura pas grande utilité, mais qui boulever-
« sera Paris pendant dix ans. Aurons-nous assez
« l'air de faire grand ! Acceptons l'anneau d'Eif-
« fel ! »

« Et une phrase typique vole sur le Paris indus-
« triel et commercial, phrase qui s'est échappée
« de lèvres ministérielles :

« — Le meilleur Métropolitain est celui qui se
« fera. »

« Mais il faut encore que ce Métropolitain ne
« soit pas un contre-sens ! Il ne faut pas qu'il aba-
« sourdisse les Parisiens et les étrangers qui tra-

« versent perpétuellement Paris, ce carrefour du
« monde. Il faut qu'il les serve, qu'il leur permette
« de traverser le carrefour de part en part. »

« Un Métropolitain parisien doit être d'abord et
« avant tout le *prolongement et la ligature de toutes*
« *les grandes lignes de chemins de fer.* »

« Il faut repousser avec la dernière énergie tout
« projet qui ne part pas de ce principe fondamen-
« tal. L'anneau d'Eiffel est tout le contraire de ce
« chemin de fer nécessaire, c'est pourquoi le bon
« sens public n'en veut pas. »

« Mieux vaut attendre encore qu'on mette à l'en-
« quête un projet digne de Paris et de la France.
« Nous avons attendu vingt ans, nous sommes
« bronzés sur l'attente. Nous serons peut-être tous
« morts quand le vrai Métropolitain de Paris tra-
« versera la grand'ville, mais j'aime encore mieux
« cette perspective que l'éventrement inutile des
« grandes voies de Paris pendant des années, pour
« arriver à faire ce qu'Eiffel appelle encore dans
« son projet « un champ d'expériences pour la
« construction et l'exploitation d'autres anneaux
« futurs ! » Encore des anneaux ! Trop d'anneaux
« et de champs d'expériences, merci ! »

« Quand on songe que dans le tracé de son an-
« neau, Eiffel laisse à plus de sept cents mètres de
« distance la gare Saint-Lazare, qui constitue le
« vrai point de départ d'un Métropolitain parisien,
« on se demande s'il n'a pas regardé Paris du haut
« de sa tour à travers un brouillard épais le jour
« où il l'a forgé, son anneau ! L'Ouest regimbe et
« demande à être mis sur le circuit.

« A quoi bon ? Il ne conduit à rien, ce circuit. »

« Enfin il faut se débattre n'est-ce pas, et l'Ouest
« se débat. »

« Savez-vous quel a été le mouvement des voya-
« geurs dans les gares de Paris l'année dernière,
« arrivants et partants ?»

Saint-Lazare	30.280.000
Vincennes	12.290.000
Nord	10.710.000
Est	8.080.000
Montparnasse	4.860.000
Paris-Lyon	4.180.000
Orléans,	3.090.000
Sceaux	1.720.000

« Un tel tableau se passe de commentaires.

« Qu'est-ce qu'un métropolitain, avant tout?

« Un chemin de fer à voyageurs.

« Où est le plus grand mouvement de voyageurs,
« mouvement incomparable, unique au monde,
« peut-être?

« A la gare Saint-Lazare.

« Et Eiffel néglige la gare Saint-Lazare. MM. les
« voyageurs de l'Ouest (30.280.000 l'année dernière),
« iront à pied, leur sac à la main, et descendront
« dans des caves, à l'Opéra, pour prendre le petit
« anneau d'Eiffel.»

« Amère plaisanterie ! »

« Il leur faudra des bottes, en tous cas, et de
« fameuses bottes, car l'Opéra est bâti sur une
« nappe d'eau, nul n'en ignore, et cette nappe
« d'eau, qui court sous Paris dans la direction
« Bastille-Madeleine, comme un simple omnibus,
« paraît être, d'après un travail intéressant que
« M. P. Villain vient de publier dans la *Nature*, un

« bras souterrain de la Seine. La légende veut que
« ce soit une rivière de Ménilmontant et de la
« Grange-Batelière. Or, les chercheurs d'aujour-
« d'hui vous disent : C'est tout bêtement la Seine
« qui continue à couler sous Paris.

« Voit-on l'anneau dans cette nappe ? »

« Je sais bien qu'Eiffel a tout prévu et que ses
« pompes d'épuisement seront gigantesques. Mais
« quelle drôle d'idée de nous creuser un chemin
« de fer, qui ne conduit nulle part, dans un sous-
« sol infiltré ? »

« Quant aux égouts, c'est pis encore et l'anneau
« paraît destiné à s'y noyer. Les travaux d'un che-
« min de fer souterrain contrarieraient tellement
« le système des égouts de Paris et de ses eaux
« potables, que MM. Bechmann et Humblot, les
« deux ingénieurs de la ville, de qui relèvent ces
« importants services, demandent à la société Eiffel,
« qu'avant de donner un seul coup de pioche à la
« ligne, en admettant qu'elle soit votée, elle fasse
« exécuter tout d'abord une série de travaux de
« dérivation et de réfection, qui se chiffreraient par
« 15 millions au bas mot.

« Et ce n'est pas quinze millions d'argent qu'on
« demande à Eiffel, c'est le travail complètement
« exécuté, les mémoires réglés, tout fini, avant de
« l'autoriser à commencer les terrassements et
« maçonneries de son anneau !

« Ainsi Paris serait d'abord bouleversé par la
« réfection des égouts. Ça durerait deux ou trois
« ans. Et il serait de nouveau bouleversé pendant
« plusieurs autres années par les travaux souter-
« rains de l'anneau ! Folie ! Paris est déjà furibond

« contre les électriciens, qui lui coupent ses rues
« pour enterrer leurs câbles. Qu'est-ce que ce se-
« rait si le projet d'Eiffel était adopté par les pou-
« voir publics ! »

« Non, de ces travaux souterrains, pas plus que
« de la traction souterraine avec de la fumée, un
« air empesté, le public ne veut aujourd'hui en au-
« cune façon ».

Qu'ajouter à ces lignes autorisées, qui expri-
ment si bien ce que sera un Métropolitain souterrain ? ? ?

Les chemins aériens, dans les rues, évitent, eux,
certains des inconvénients signalés ; mais il en
est d'autres, qui les affectent, dont il faut tenir
compte.

Les projets de ce genre, présentés jusqu'ici, se
décomposent en deux ordres :

Quelques-uns passent au milieu des rues mêmes ;

D'autres se proposent de couper Paris à travers
un abattis de constructions existantes.

Les premiers gêneront la circulation et ne rem-
pliront que très incomplètement le but. Ils seront,
pour les maisons rencontrées sur le parcours, une
perpétuelle cause de dépréciation.

Quant aux projets, beaucoup plus amples, de
traverser Paris, en expropriant et démolissant
les propriétés rencontrées, il y a là, à côté de larges
idées, un ensemble de frais considérables, que ne
dédommageront pas les profits de l'entreprise, à
moins que des spéculations ne se fassent sur le
chapitre expropriation, ce qui ne servira pas assurément l'intérêt général.

Je vais démontrer, que le véritable Métropolitain évite tous ces inconvénients, et qu'il donne en même temps au public, de plus larges satisfactions.

Travaux d'établissement

Voyons d'abord la question des travaux d'établissement.

Qu'il s'agisse du chemin de fer souterrain ou d'un chemin de fer aérien traversant les rues, voilà Paris encombré, pour plusieurs années, de tombereaux, d'excavations, de démolitions de toute nature. Ceci, dans les quartiers les plus beaux, les plus fréquentés, et ce, sans compter, que remuer un sol comme celui de Paris, imprégné de matières organiques, c'est ouvrir la porte à d'innombrables germes de contagion.

Cette situation reste vraie, même avec le dernier projet présenté par la Société Eiffel, qui, lui, a de plus à son passif le remaniement préalable des égouts rencontrés.

Paris sait maintenant ce qu'est l'influence des microbes sur la santé publique. Or toucher aux égouts, c'est aller chercher l'ennemi dans le repaire même où il s'est abrité.

La construction du véritable Métropolitain sur la Seine n'amènera, au contraire, aucune perturbation dans la ville. *Pas un piéton, pas une voiture, pas un bateau* ne seront dérangés, à n'importe quel moment des travaux.

Voilà assurément un résultat considérable, qui laisse Paris dans sa vie animée, dans sa splen-

deur actuelle, tout en lui conservant des moyens
d'avenir en rapport avec le développement que
comporte sa puissante vitalité.

A l'appui de cette énonciation disons que les piles
seront construites à l'aide de moyens spéciaux, ne
modifiant en rien le cours de la Seine. Quand elles
seront établies, le viaduc s'étendra sur elles, sans
qu'il y ait besoin, aussi bien sur le fleuve que dans
la traversée des ponts, d'établir aucun échafau-
dage reposant sur le sol. Le travail s'exécutera
donc tout entier, sans causer le moindre arrêt dans
l'activité parisienne, en un mot sans amener d'embarras ni de perturbation. Voilà bien le progrès,
tel que nous devons savoir l'appliquer, tel qu'il
s'impose à notre époque civilisatrice.

Expropriations

Tous les projets mis en avant, en dehors du véritable Métropolitain sur la Seine, forcent à des
expropriations plus ou moins importantes.

Ceci peut avantager quelques opérations parti-
culières, mais, au point de vue général, la question
n'est plus la même.

En effet, qui dit expropriations, dit nécessairement grandes dépenses, par conséquent grandes
charges pour les budgets publics.

Le véritable Métropolitain traversera tout Paris,
sans exiger une expropriation, sans même toucher
aux ponts. En un mot, ce vaste trait d'union, qui se
développera sur le plus grand axe de la ville, ne
portera que sur le fond de la Seine, c'est-à-dire là

où le terrain n'a aucune valeur, là où il appartient
en propre à la ville de Paris, la grande intéressée
dans la question. Donc, de ce chef, il donne toute
satisfaction.

Intérêts déplacés

Qui dit expropriation ne dit pas seulement question d'argent, mais aussi déplacement d'intérêts.

Et, quand on songe à l'immense trouée qu'il
faudrait faire dans Paris, surtout dans les quartiers d'affaires, pour établir un chemin aérien en
rapport avec les exigences de la capitale, on se demande où s'arrêtera le trouble considérable, qui
se produira forcément dans les mouvements commerciaux de la place de Paris.

Ce n'est pas impunément, qu'on touche à de
semblables intérêts ?

On peut évidemment en créer de nouveaux, mais
ceux existants, qui doivent être respectés avant
tout, on les blesse souvent très profondément
en agissant ainsi.

C'est donc l'inconnu qu'on apporte à ce qui
existe; c'est en tous cas une très grande perturbation sociale. Or ceci présente une gravité, qui
n'échappera à personne.

Avec le véritable Métropolitain, aucun inconvénient de cette nature n'est à redouter, puisqu'aucune expropriation n'est nécessaire. C'est, au contraire, la confirmation de la vie active existante, la
garantie de tous les intérêts, qui résulteront de son
application. Ce sera, en un mot, la conservation
absolue de toutes les situations créées, qu'elles

soient commerciales ou autres. Et c'est ainsi qu'il faut agir !

Terrains perdus, terrains trouvés

L'établissement du Métropolitain souterrain, quelqu'il soit, conduira à stériliser, près de Paris, une vaste surface, afin d'y charrier les décombres extraits du sol, soit pour établir les voies, soit pour créer les gares.

Le Métropolitain aérien neutralisera dans Paris de très larges emplacements, puisqu'au lieu des maisons à six étages établies actuellement, il n'y aura plus, sur son parcours, que de maigres boutiques, établies dans les soubassements de la voie nouvelle. Ces boutiques auront d'autant moins de valeur que les étages supérieurs n'existant pas, il n'y aura pas assez de population pour les animer.

Dans un cas comme dans l'autre ce sont d'immenses emplacements qui seront perdus, annihilés.

Avec le véritable Métropolitain, c'est, au contraire, une longue bande de 11,000 mètres de longueur sur 30 mètres de largeur soit 330,000 mètres carrés environ qui sera conquise, au centre même de la civilisation. Cette conquête sera faite au profit du développement interne de la capitale, puisqu'elle pourra servir :

1° Au parcours des voies à créer, par l'emploi de sa superstructure ;

2° A l'utilisation des locaux établis dans l'ossature même du viaduc.

Facilités d'établissement

Les diverses lignes souterraines ou aériennes présentées sont forcées d'établir leurs voies et moyens d'accès, aussi étroits que possible, précisément parce que le terrain est cher et qu'il leur faut l'économiser.

Le véritable Métropolitain, placé dans l'axe de la vaste trouée faite par la Seine, peut prendre, lui, tout le développement, nécessaire. C'est ainsi que des trottoirs de 4 mètres de largeur seront disposés dans toute sa longueur et *pour chacune des voies, qu'il devra supporter*.

D'un côté, donc, l'étroitesse et la gêne ; de l'autre, l'ampleur et la satisfaction données au mouvement des voyageurs, avec la possibilité de prévoir, dès à présent, ces nécessités aussi larges que l'avenir pourra les exiger.

Temps perdu, temps gagné

J'ai indiqué, dans ce qui précède, l'immensité du temps perdu par le système de circulation en usage actuellement dans la ville de Paris.

Il est égal, rappelons-nous le, à la quotité énorme de 6 millions 500,000 journées par année.

Avec le Métropolitain et les lignes d'omnibus directes, rattachées à chacune de ses stations, cette perte de temps n'existera plus.

Et en effet le trajet fait sur voie ferrée sera exécuté avec la célérité habituelle à ce genre de transport ;

Quant aux omnibus et tramways annexés, comme ils gagneront leur point d'attache par la route la plus directe, par conséquent la plus courte ; que leur multiplicité ne forcera plus à des détours inutiles ; que les départs seront très rapprochés ; le temps, avec eux, se trouvera également économisé aussi complètement que possible.

Agréments du voyage

Ce n'est pas tout que de voyager vite, on aime encore à voyager agréablement. La preuve, c'est que, dès qu'il fait un peu beau, les impériales d'omnibus sont absolument envahies.

Avec un Métropolitain souterrain la circulation sera absolument triste, nul n'y verra quoi que ce soit. Ce sera, comme dit le peuple dans son langage imagé, un vrai cheminement de taupes.

Avec le Métropolitain aérien, encastré dans les maisons, ce sera un voyage maussade, sans aucun point de vue pouvant attirer l'attention, reposer le regard.

Le voyage sur la Seine, au contraire, se fera dans la plus belle traversée de Paris. Le public, tout en voyageant vite, économiquement, trouvera, avec les conditions de salubrité, de pureté d'air les plus désirables, le panorama le plus varié qu'il puisse rêver. Cet ensemble fera, de ce mode de transport, un véritable agrément.

En effet, le coup d'œil de la Seine et de ses quais sera beaucoup plus beau du haut du Métropolitain, qu'il ne l'est actuellement des bords du fleuve. Et

4

comme il passera cent fois plus de monde sur le
Métropolitain, qu'il n'en passe actuellement sur les
quais, le bien-être du public, loin d'être dimi-
nué, sera considérablement augmenté.

Or, servir les besoins de transport, fournir à nos
poumons de l'air pur, à nos yeux un spectacle toujours animé, n'est ce pas résoudre la question de
la circulation dans Paris, *comme sait la comprendre
la population Parisienne ? ? ?*

Facilités de communication pour Paris et les communes suburbaines

Avec les projets jusqu'ici présentés les stations
sont éloignées pour la masse des voyageurs. Pour
les trouver ou les quitter, il faudra, dans la plupart des cas, aller chercher les omnibus, subir
souvent les ennuis et les frais de la correspondance.

Au contraire, avec le véritable Métropolitain,
chaque gare sera en rapport direct par deux omnibus avec la périphérie de Paris, et, par suite, avec
les communes *extra muros*. Les lignes ainsi créées
seront assez rapprochées et multipliées, pour que
la dissémination de la population se trouve être
partout régulièrement facilitée. Ce résultat sera
dû à l'intime et nécessaire union des différents
moyens de transports employés.

Il n'est pas possible, dans une carte réduite, de figurer le réseau ainsi constitué. Mais
si on prend le chemin de fer de Ceinture comme
jante, suivant l'expression pittoresque de M. Al-

phand, on voit, que les raies ou rayons de l'immense roue, figurée par la périphérie de Paris, seront aussi rapprochés que possible, puisqu'ils partiront en deux sens de chaque pont, pour aller rejoindre la ceinture et par conséquent chaque pórte des fortifications.

Le véritable Métropolitain est donc le seul projet, qui, sous ce côté tout à fait utile, donne absolue satisfaction au public. Il sert, en effet, les intérêts de la ville comme ceux des communes suburbaines, ce qu'il importe de réaliser.

Accession des grandes lignes ferrées dans Paris

Nous avons vu que le véritable Métropolitain permettait aux grandes lignes, venant de l'intérieur, de traverser Paris.

C'est encore le seul qui puisse fournir directement et complètement ce résultat.

En effet, les autres projets, qui tendent à donner cette facilité, sont forcés d'y arriver par des embranchements spéciaux. Or, ces embranchements avec les exigences de terrains qu'ils nécessitent, ne sont guère propres à être établis dans le centre d'une grande ville comme Paris.

En admettant la possibilité de construire ces embranchements, ils ne rendront pas les services désirés.

Et, en effet ce ne seront pas les trains eux-mêmes, venant de loin, qui les prendront. Ceux-là, trop complets, resteront forcément dans les gares.

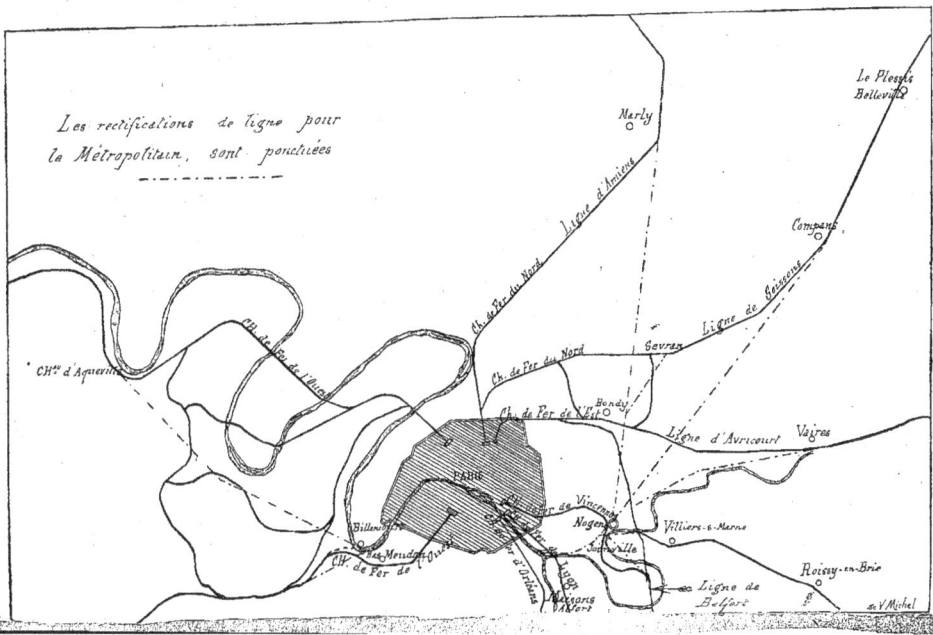

Les rectifications de ligne pour la Métropolitain, sont ponctuées

Il faudra donc, que le voyageur se dérange avec ses bagages pour aller trouver l'embranchement.

Avec le véritable Métropolitain ce seront les trains venant de province, qui traverseront Paris, y laissant les voyageurs dans 7 gares principales.

La carte d'autre part, fig. 4, en présentant un ensemble des voies ferrées venant de la province et aboutissant à Paris, nous permet d'apprécier, qu'avec quelques kilomètres de raccords, il est possible de faire aboutir toutes ces lignes au véritable Métropolitain.

Les traits ponctués indiquent les raccordements, qu'il serait nécessaire d'établir en dehors de Paris, pour rallier toutes les lignes.

L'inspection de ces tracés montre que, pour la plupart des lignes, l'allongement est nul ou négligeable. La ligne du Nord, seule, présenterait une légère augmentation. Or, cette augmentation en express serait de très courte durée; elle ne serait pas en comparaison avec les pertes de temps causées par l'éloignement des grandes gares, et, par suite, la longueur des transports en voiture dans Paris.

Grâce donc au véritable Métropolitain, des trains directs de Marseille à Calais, de Bordeaux à Lille, etc., etc., pourront être établis. Ceci, au grand avantage de la rapidité du transport, de la circulation publique, de la commodité des voyageurs ; aussi avec des facilités stratégiques d'une réelle valeur. Sur celles-ci, je n'ai pas à appuyer, cette brochure n'ayant aucune tendance politique et ne traitant que des intérêts de la ville de Paris au seul point de vue de la circulation.

Gares extrêmes. Possibilité de les établir

La traversée, dans Paris, des grandes lignes exigera naturellement des gares extrêmes destinées à favoriser la formation des trains.

Avec le Métropolitain souterrain, qui, du reste, par sa position sous le sol ne peut guère se jonctionner aux grandes lignes, l'établissement de ces gares extrêmes est absolument impossible.

Avec un Métropolitain aérien, circulant dans les rues de Paris, leur coût serait tel, qu'il n'y a pas lieu de les prévoir.

Avec le véritable Métropolitain, au contraire, on arrivera dans les terrains de Billancourt ou d'Alfortville n'ayant pas encore grande valeur. Là toutes les facilités pourront être trouvées pour l'agencement de ces gares.

Matériel roulant

Les lignes proposées jusqu'ici, souterraines ou aériennes, nécessitent un matériel spécial ;

Le véritable Métropolitain n'a aucune de ces exigences, puisque les trains venant de l'intérieur de la France traverseront Paris tels qu'ils auront été composés, c'est-à-dire avec des locomotives circulant sur les voies ferrées ordinaires.

Postes. Halles

Il y a dans Paris deux services, qui ne sont pas touchés par les projets précités.

Ces services sont :

Celui de la poste ;

Celui des halles.

Le véritable Métropolitain comble, au contraire, cette lacune.

Chaque train-poste pénétrant avec lui dans Paris pourra, en effet, au passage de la gare du Pont-Neuf, laisser ou prendre ses dépêches. Une voie spéciale, parcourant le tunnel existant dans les Halles, raccorderait l'Hôtel des Postes avec le véritable Métropolitain.

L'Hôtel des Postes de Paris serait donc ainsi directement relié avec toutes les villes de France.

Ajoutons à cela, qu'une fraction du soubassement du Métropolitain, formant de vastes locaux, serait mise, si l'administration des Postes le désirait, à sa disposition. Une partie de la manutention pourrait donc être ainsi faite sous la voie même. Ceci accélérerait notablement le service et permettrait à la population de Paris de recevoir plus tôt ses lettres, tout en jouissant d'un délai plus long pour l'expédition des dépêches en province.

En ces conditions, on aurait journellement pour la correspondance dans le centre de Paris, les limites d'heures extrêmes qu'on est forcé d'aller chercher maintenant aux grandes gares de départ.

Il en serait de même des Halles, qui se trouveraient en rapports avec toutes les voies ferrées. Elles recevraient ainsi directement dans leurs sous-sols, les envois de l'intérieur de la France.

Il n'est pas possible, dans cette étude rapide, de faire ressortir tous les avantages spéciaux pouvant résulter d' et état de choses. Là est l'œuvre de l'avenir. Aujourd'hui, je dois me borner à faire pressentir ces avantages.

Travaux pour les ouvriers

Une des circonstances, qui rendent intéressante *et urgente* la construction du Métropolitain, c'est le travail à fournir à nos populations ouvrières.

Avec les divers Métropolitains souterrains proposés, ce seront surtout des terrassements, qu'il y aura à exécuter.

Or, tout le monde sait que les ouvriers d'état, c'est-à-dire ceux vraiment intelligents, sont impropres à ce genre de travail; qu'aussi, dans presque tous les grands travaux de cette nature, ce sont des étrangers (Belges, Allemands, Italiens) ou des habitants des campagnes, qui sont les exécutants.

Il n'y aura donc pas là de travaux sérieux pour la population ouvrière de la capitale et on arrivera seulement à ce résultat : attirer les ouvriers du dehors, qui ne sont que trop disposés à venir à Paris. Agir ainsi, ce sera créer une pléthore, dont plus tard on aura peine à se débarrasser.

Le véritable Métropolitain exigera, au contraire, soit pour la construction de son matériel d'établissement, soit pour sa propre édification, des travaux métalliques considérables. Ceux-ci, depuis l'instant où le minerai sera extrait de terre jusqu'à l'achèvement de l'œuvre nécessiteront le labeur d'ouvriers intelligents, capables, répandus dans nombre de contrées françaises. Les ouvriers d'états de Paris et de la province bénéficieront donc complètement, de l'immense somme de travail qui sera ainsi créée.

Ajoutons, que de nombreuses maisons s'édifieront aux extrêmités des lignes ainsi formées, que, par suite, l'industrie du bâtiment trouvera sa large part d'activité.

N'est-ce pas là ce qu'il faut en ce moment, où le travail manque de bien des côtés et où, par conséquent, il est intéressant de le faire naître ?

J'arrive, en parlant de travaux, à un sujet complémentaire.

J'ai examiné les différents projets de Métropolitain qui ont été présentés successivement et je dois dire que dans la plupart d'entre eux je n'ai trouvé que la reproduction de choses faites à l'étranger ou de moyens connus.

Faire cheminer un souterrain dans un sens ou dans un autre, tracer une trajectoire au milieu d'un abattis de maisons, ne présentent à l'esprit rien de neuf.

L'Haussmanisation de Paris nous a habitués à ce mode de procéder.

Les chemins aériens, que l'on propose d'établir sur les trottoirs, ne sont eux-mêmes qu'une réminiscence de ce qui se fait à New-York et des inconvénients, qu'ils y ont produits

Bref, les deux seules choses vraiment neuves que j'ai vues se résument par le projet de la Compagnie Eiffel et par le véritable Métropolitain, objet de la présente étude.

L'idée de pratiquer un souterrain, sous un bouclier mobile permettant la circulation, est évidemment une idée nouvelle à laquelle j'applaudis. Et en fait, si je critique absolument le projet Eiffel, parce qu'il a le tort d'être souterrain et ne peut pas remplir le but proposé, j'admire l'ingéniosité des moyens combinés pour l'exécution des travaux.

Quant au véritable Métropolitain, s'appuyant dans le lit même du fleuve, il est incontestable qu'il y a là un fait sans précédents, et qu'en dehors de tous les avantages, signalés dans cette brochure, il a le mérite de la nouveauté.

Pourquoi ne pas le laisser à l'actif de la France, qu'on cherche de tous côtés à primer, à dépasser, et qui doit cependant rester en tête du monde civilisé ? ? ?

Rapidité d'exécution

Dans l'esprit de tous, l'exécution du Métropolitain doit être rapide.

Or, avec les projets aériens ou souterrains présentés, les expropriations, le transport des déblais, les difficultés de toute nature qu'il faudra surmonter, rendront l'exécution longue.

Elle sera, de plus, singulièrement encombrante et désagréable.

Elle conduira à fuir certains quartiers pendant la durée des travaux, c'est-à-dire plusieurs années.

Avec le véritable Métropolitain, il faudra :

Une année pour les études définitives et l'établissement du matériel de construction ;

Une seconde année pour la fondation des piles et la construction de la superstructure métallique ;

Une troisième année pour la pose du viaduc.

Donc, en trois ans, sans *causer le moindre embarras dans la capitale*, sans avoir à remanier les égouts, le véritable Métropolitain pourra être établi.

Quant aux lignes d'omnibus à mettre en rapport avec lui, le jour même de l'ouverture de la voie, elles pourront fonctionner. Il ne s'agira, en effet, que d'une modification à réaliser dans le service.

En ce qui concerne le matériel d'omnibus existant, il ne se transformera qu'au fur et à mesure du remplacement de celui usé ; par conséquent l'œuvre s'achèvera de ce côté, sans secousses, comme sans complications.

Rendement de l'opération

Il convient maintenant d'examiner le rendement, qui sera affecté au capital employé.

Nous avons vu, page 18, que le prix du kilomètre dans Paris serait d'environ 12,000,000 de fr.

Le coût de semblables travaux s'estime généralement à un taux beaucoup moindre. C'est ainsi que le pont de Kuilenburg est revenu, pour les arches de 80 mètres, sur le pied de 6,081,000 fr. le kilomètre. Des prix inférieurs encore sont attribués à des œuvres de ce genre.

Nous n'avons pas hésité à mettre une estimation beaucoup plus considérable, parce que, d'une part, le travail projeté exige une richesse d'ornementation qu'il faudra naturellement payer ; que, d'une autre part, il y aura probablement lieu de disposer quatre voies centrales pour les grandes communications, au lieu de deux, ce qui porterait à six le nombre des voies supportées par le viaduc.

Cette dernière question ne pourra être arrêtée, que lorsqu'il y aura décision prise par la ville, par l'État, aussi par les grandes Compagnies. On comprend par suite, qu'aujourd'hui, il n'est pas possible de faire autre chose qu'une estimation maxima, de façon à voir si, même avec la dépense la plus élevée, le rendement sera suffisant.

Page 21, nous avons estimé ce rendement être de 8,25 0/0. Il convient d'examiner comment il peut s'établir.

Les dernières statistiques, faites sur le mouvement des voyageurs dans Paris, permettent d'estimer :

A 207,000,000, les voyageurs transportés par la Compagnie des Omnibus, ci . . . 207.000.000

A 53,000,000, ceux véhiculés par les Compagnies de Tramways Nord et Sud, ci 53.000.000

A 20,000,000, le contingent des bateaux-omnibus, ci 20.000.000

A 20,000,000 les voyages opérés sur les voies ferrées, ci 20.000.000

Enfin, à 100,000,000, les voyageurs, qui n'ont pu prendre place dans les voitures publiques, ci. 100.000.000

Ensemble . . 400.000.000

de voyageurs, formant l'effectif admis de la circulation parisienne.

Mais cette base de calcul est-elle applicable aux errements nouveaux, que nous voulons organiser?

Non! Car le prix de dix centimes, que nous fixons par voyage, la multiplicité des lignes et des places mises à la disposition du public, feront que la circulation s'accroîtra dans une proportion considérable.

Voici la base que nous préférons adopter pour l'estimation que nous avons à faire :

La population de Paris est actuellement de . . . . . 2,269,023 habitants.

Celle des communes suburbaines, de . . . . 530,306 —

Ensemble . . 2,799,329 habitants.

Nous admettons que, sur la population parisienne, la moitié des habitants fait par jour un voyage aller et retour à 10 centimes l'un, soit 730 voyages par an. C'est donc de ce chef : 1,134,212 (chiffre représentant la moitié de la population parisienne) multipliés par 730 ou 828,193,760 voyages.

Nous admettons, au contraire, que, pour la population de la banlieue, un quart seulement exécutera ce double voyage.

C'est donc de ce côté 132,576 (quart de la population de la banlieue) multipliés par 730 ou 96,780,480 voyages ; qui, ajoutés à la quantité trouvée pour Paris, nous donneront un total de 924,974,240 ; ensemble 925 millions de voyages.

Par l'augmentation naturelle, qui se produit dans les transports, ce chiffre atteindra en deux ou trois ans le quantum de 1 milliard. A 10 centimes, ceci donnera une recette ferme de 100,000,000 de francs.

On estime, sur les voies ferrées, le bénéfice net de 50 à 60 0/0 du produit brut.

Nous serons plus modérés. Tout en tenant compte de l'amoindrissement des frais obtenus dans la traction des omnibus et tramways, nous estimerons à seulement 33 0/0 le bénéfice net.

Ceci nous donnera un chiffre de bénéfices s'élevant à 33 millions, qui, répartis sur le capital prévu de 255 millions, plus le rachat des omnibus, ensemble 406 millions, produira un rendement de 8,25 pour cent.

Ce rendement sera certainement dépassé, car si l'on réfléchit à la base d'élévation prise, en même temps à la modicité du prix qui permettra de faire en voiture les plus petits trajets, on verra, que, tandis que les voies aériennes et souterraines proposées ont peine à trouver un intérêt suffisant, il y aura, avec le véritable Métropolitain, non seulement intérêt payé, mais encore bénéfice.

Ce dernier s'accroîtra avec l'avenir.

Plus, en effet, nous irons, plus la population parisienne grandira; plus, par conséquent, le trafic augmentera.

Il est à remarquer, que, dans la supputation des bénéfices, nous avons négligé deux sources de profits, qui viendront avec le temps.

La première est relative au produit des grandes lignes ;

La seconde, à la location des magasins et appartements qui pourront être établis dans l'intérieur même du viaduc.

Voici pourquoi il n'est pas tenu compte aujourd'hui de ces deux éléments ;

En ce qui concerne la traversée des grandes lignes dans Paris, il y aura évidemment là une source de revenus considérables, mais comme elle dépendra de l'accord à faire entre la Ville et les grandes compagnies, dont nous sommes impuissants aujourd'hui à prévoir le résultat, nous préférons n'indiquer ce profit que pour mémoire.

La location des locaux, qui pourront être établis dans l'intérieur du viaduc, aura plus tard une importance réelle.

Il ne faut pas oublier que c'est une vaste galerie couverte, de 12 kilomètres de longueur, bordée de chaque côté de boutiques et d'appartements, qu'il est possible d'établir ainsi dans le centre de Paris, c'est-à-dire dans la partie où le terrain a le plus de valeur.

Il n'y a pas d'exemple d'un pareil passage couvert en n'importe quelle ville du monde. Ce passage, défalcation faite de l'espace réservé aux piétons, fournira 240.000 mètres carrés habitables.

On voit de suite que, de ce côté, l'avenir réserve à l'opération une large source de profits. Une fois de plus se trouve ainsi justifié ce que je disais un peu plus haut : c'est que, tandis qu'avec les autres projets présentés, il y a absorption de terrains ; au contraire, avec le véritable Métropolitain, il y a conquête de place utilisable.

Toutefois, ce n'est pas au début de l'entreprise, qu'il est permis de compter sur cette nouvelle source de bénéfices. Voilà pourquoi je ne l'ai pas fait entrer dans la supputation du rendement.

Le véritable Métropolitain doit vivre tout d'abord avec son trafic et celui des lignes d'omnibus, qu'il projettera dans les rues, et point avec des gains secondaires qui ne peuvent entrer en ligne de compte au commencement de l'opération.

Multiplicité des places mises au service
des voyageurs

On fera observer, qu'une ligne ferrée ne donne lieu qu'à un trafic limité, attendu que les trains ne peuvent admettre plus de 22 voitures. C'est donc un total de 8 à 900 voyageurs par train. En ces conditions il y aurait au plus possibilité de transporter cent mille voyageurs par jour.

Ceci serait exact pour le Métropolitain souterrain et pour le Métropolitain aérien, dont le développement est réduit, le prix de transport élevé, le mode d'action difficile, les trains forcément courts.

Mais cela n'a plus de raison d'être avec le véritable Métropolitain, dont le bon marché permet de profiter à chaque instant et pour de petites courses. On ne se rend pas assez compte de l'influence des petits parcours sur la circulation, dès qu'on pourra les faire à 10 cent. et sans attendre.

Voyons à apprécier la question.

On peut admettre qu'au moins 3 voyageurs se succèderont en moyenne dans un trajet de 12 kilomètres; que, par conséquent, le matériel sera utilisé trois fois dans un voyage.

De plus, les wagons seront établis, ainsi que l'indique la figure 5, de façon à contenir à chaque extrémité, des places debout. Ces places seront très prisées pour les parcours de peu de durée.

Une plate-forme supérieure, permettant d'augmenter le nombre des voyageurs transportés par train, sera établie sur chaque wagon.

En ces conditions, il devient facile de comprendre,

qu'au lieu de 850 voyageurs, ce sera 1.500 qu'on pourra loger par train.

En admettant des départs toutes les trois minutes, on offrira ainsi un nombre considérable de places à l'activité parisienne. Comptant avec le renouvellement de la route, le chiffre de ces places pourra s'estimer à 1 milliard par an.

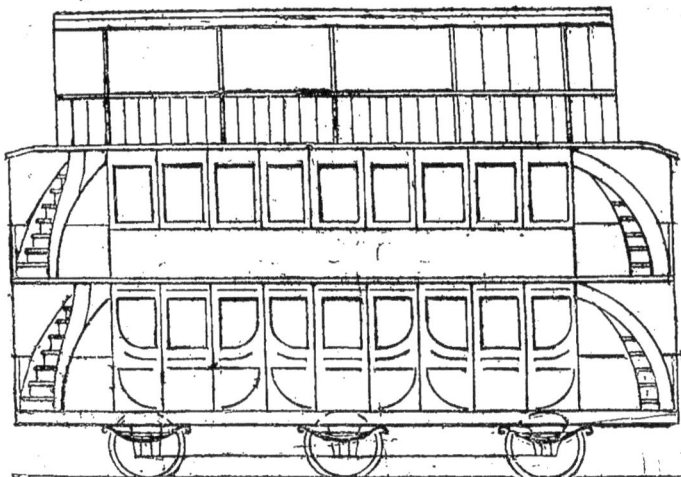

Figure 5. Wagon à voyageurs.

Je n'entends pas dire qu'en créant le Métropolitain, on supprimera complètement le trafic des gares déjà existantes dans Paris.

Loin de là. Il ne faut jamais procéder par extinction, mais au contraire par extension.

Il s'est formé autour de chacune des gares

5

actuelles des centres, ayant leur importance, qu'il faut conserver.

Mais ce qu'il y aura d'avantageux pour les populations, c'est que ces gares seront reliées par la voie la plus directe et par des départs multipliés avec la gare la plus voisine du Métropolitain. Il y aura donc pour elles, comme pour le public, toutes facilités de circulation, et ce, au profit des uns et des autres.

Valeur donnée aux immeubles sur le parcours

Avec les projets présentés, c'est une dépréciation des immeubles qui est à redouter sur tout le parcours du Métropolitain.

D'une part, ce sera l'ébranlement du sous-sol, les lézardes pouvant en résulter, les puits d'air qu'il faudra creuser, etc., etc.

D'une autre, ce seront les intérêts déplacés, les quartiers bouleversés, sans qu'il y ait dédommagement pour ceux qui ne seront pas directement touchés.

Au contraire, avec le véritable Métropolitain, ce sera une plus-value considérable donnée aux immeubles des quais. Il est certain, qu'il se créera là de vastes hôtels, des établissements publics; en un mot, toute une animation formée par l'immense concours de population, qu'amènera la large circulation dont il s'agit. Ceci au grand profit de la propriété limitrophe, qui est ainsi appelée à augmenter de valeur dans une très large proportion.

Désencombrement des rues

Un des faits qui doit le plus préoccuper dans l'établissement d'un Métropolitain, c'est le désen-combrement des rues de Paris.

Or, avec les lignes projetées, on amènera néces-sairement, sur certains points de l'intérieur de la ville, un afflux circulatoire qui sera le contraire du résultat cherché. En un mot, on créera des nœuds de circulation au lieu d'épandre cette même circulation.

Le véritable Métropolitain, avec ses gares nom-breuses débouchant sur les quais, c'est-à-dire dans un endroit où n'existe qu'un seul rang de maisons avec les facilités de parcours produites par ses multiples lignes d'omnibus ou de tramways, atteindra le but cherché. Ce sera en effet par une vaste dissémination de la population, qu'il procèdera, et non par une dérivation dans le sous-sol de cette même population.

Raccordement des lignes d'Omnibus avec le Métropolitain

Pour que la dissémination, dont nous venons de parler se produise, et que par conséquent le pro-blème de la circulation dans Paris soit véritablement résolu, il faut absolument, que le raccordement des lignes d'Omnibus soit en harmonie parfaite, dans tout le réseau, avec les stations métropolitaines.

Avec les lignes aériennes ou souterraines proposées, le raccordement général ne pourra pas se faire, par la raison simple que les stations, pour être vraiment utiles, devront déboucher dans les rues les plus populeuses, en des points irréguliers de la capitale. Il n'y aura pas possibilité d'établir là des têtes d'omnibus en quantité suffisante pour rayonner dans tout Paris.

Le véritable Métropolitain, au contraire, trouvera, de chaque côté de son parcours, les quais qui fournissent les facilités que voici :

D'une part, ils isolent complètement la ligne créée ;

D'une autre, ils offrent des espaces libres considérables ;

Enfin, ils partagent Paris en deux, suivant son grand axe, mais ayant de chaque côté des moyens de dégagement également favorables.

Il y a donc là toutes commodités pour établir à chaque pont, comme nous le proposons, deux lignes d'omnibus marchant en sens contraire vers la périphérie opposée.

Ces lignes seront-elles formées par des Omnibus proprement dits ou des Tramways?

Ceci dépendra de la largeur des voies parcourues.

Ce qu'il est intéressant de dire maintenant, c'est que ce ne sera pas par de lourdes voitures, que le trafic sera fait; mais bien par des véhicules légers, portant moins de voyageurs que les Tramways actuels. On évitera ainsi les arrêts trop nombreux, qui ralentissent la circulation; on la facilitera, au contraire, par des départs très rapprochés.

Il importe peu, en effet, aux voyageurs d'être transportés en grand nombre à la fois ; ce qu'il leur faut, *c'est de ne pas attendre et d'aller vite.*

Le service du public sera en ces conditions mieux fait, celui des conducteurs moins pénible. On se demande effectivement comment, avec les moyens actuels, les employés, sur certaines lignes, peuvent résister aux fatigues de la perception.

Je dois rappeler, pour bien faire comprendre toute l'étendue des services qui seront ainsi rendus à la population, que les quarante-quatre lignes partant de chaque pont vers la périphérie de Paris, *prolongées dans la banlieue par des services spéciaux,* seront coupées dans leur parcours :

1° Par les lignes créées ou à créer des boulevards intérieurs et extérieurs ;

2° Par le chemin de fer de ceinture ;

3° Par les tramways à établir *extra muros,* afin de réunir entre elles les communes suburbaines.

Il n'y a encore rien de fait en ce sens, surtout pour la zone de l'Ouest vers laquelle se porte naturellement la population. C'est là une lacune, qu'il importe de combler.

Le véritable Métropolitain y aidera puissamment, en considérant comme nécessaires ces légitimes développements.

En ces conditions, tous les intérêts recevront satisfaction, en même temps que sera formé le plus vaste réseau circulatoire, qui puisse être réalisé pour Paris et sa banlieue.

Modicité des transports

Il ne suffit pas de voyager aisément, il faut encore voyager économiquement.

Là est une des plus importantes considérations qui doive préoccuper dans l'établissement d'un Métropolitain bien compris.

Nous allons donner, à cette partie du problème, l'attention qu'elle comporte.

Avec les projets présentés il y a quatre ans, le prix, pour le Métropolitain souterrain, était admis être par kilomètre de 4 centimes en 3e classe, de 7 centimes en 2e, et de 10 centimes en 1re; ce qui constituait un port d'autant plus élevé, qu'il ne supprimait pas le coût des omnibus pour aller joindre la station, qu'on pouvait avoir besoin d'aller chercher.

Le Métropolitain aérien passant dans les rues, lui, devait prendre 25 centimes, sans compter non plus l'emploi des omnibus ou tramways.

Le projet Eiffel assigne comme minimum le prix de 30 centimes aller et retour pour les ouvriers, toujours sans les omnibus correspondants.

Le véritable Métropolitain ne prendra que 10 centimes pour un parcours, pouvant aller jusqu'à 12 kilomètres et ce, sans constituer de catégories de castes, qui semblent dire à quelques-uns : c'est l'aumône que nous vous faisons; de plus, pour seulement 10 centimes aussi, on trouvera partout place dans les omnibus ou tramways complétant le réseau, aussi bien dans l'intérieur des voitures que sur l'impériale, d'où encore égalité pour tous.

Ainsi, avec le véritable Métropolitain, le prix

maximum, afférent aux plus larges trajets, sera de 30 centimes.

Moyennant ce prix maximum, on pourra se rendre rapidement d'un point quelconque de la périphérie de Paris à n'importe quel autre point opposé de ladite périphérie, soit un parcours moyen de 10 kilomètres.

C'est donc, en somme, moins d'un centime par kilomètre, en se servant seulement du Métropolitain, et moins de 3 centimes par kilomètre en utilisant les moyens de circulation complémentaires; tandis que le Métropolitain souterrain demandait 4 centimes par kilomètre sans correspondance, et que le Métropolitain aérien prenait un prix uniforme de 25 centimes, aussi sans correspondance.

L'avantage, au point de vue de l'économie, ce qui importe aux masses à transporter, est donc manifeste pour le véritable Métropolitain. Il ne saurait être un seul instant discuté.

Personnel actuel des Omnibus

Une dernière considération doit nous occuper.

En parcourant ce qui précède, une juste préoccupation a dû venir à l'esprit.

On s'est demandé ce que deviendrait le personnel employé dans les bureaux d'omnibus, qui, d'après ce projet, devraient être supprimés.

Il y a là, des intérêts très respectables, qui ne sauraient être oubliés.

Pour comprendre, que satisfaction peut aisément leur être donnée, il suffit de se rappeler que l'opération à créer exigera un nombreux personnel.

Or, il sera de toute justice que celui actuellement en activité ait la préférence.

D'une part, ce sera une œuvre d'équité ;

D'une autre, ce sera acte de bonne administration, puisque la nouvelle compagnie trouvera là des employés déjà exercés, ayant fait leurs preuves d'aptitudes.

Universalité des services rendus

Dès que le véritable Métropolitain sera construit et son service convergent d'omnibus établi, il rendra immédiatement et à perpétuité les services qu'on attend de lui, et ce, en proportion aussi large que le pourra exiger le développement de la circulation dans Paris et les communes suburbaines.

Que fera-t-on avec l'anneau Eiffel, que semble vouloir proposer le Gouvernement ?

On concèdera la meilleure partie du trafic, celle qui peut réellement rapporter. Pour le reste on le rejettera dans l'avenir. Mais on sait bien que personne n'en voudra, puisque la concession ne sera pas productrice, et alors il faudra arriver à l'option suivante :

Ou une garantie de l'État et de la Ville, laquelle sera d'autant plus lourde, que les meilleurs centres de circulation auront été concédés ;

Ou un ajournement indéfini des cheminements complémentaires ; et alors c'est la population de Paris qui paiera, par le temps qu'elle sacrifiera, par les difficultés de circulation qu'elle éprouvera, le bénéfice qu'on propose d'octroyer aujourd'hui à la société Eiffel.

Mais ce n'est pas tout.

Dans la cession qu'on propose de faire à la société Eiffel, on fait apparaître comme un service rendu la réduction de prix accordée matin et soir aux ouvriers, réduction que nous avons il y a un instant signalée et sur laquelle il convient de revenir.

L'intention est évidemment bonne, mais le fait, lui, n'est pas bon, parce qu'il est insuffisant.

On oublie trop qu'à Paris existe une masse d'employés, de travailleurs de toute nature, dont le budget est plus que réduit ; qu'il y a de plus quantité de femmes d'ouvriers, d'ouvrières, et que justement ce n'est pas à certaines heures que circule tout ce monde mais bien toute la journée.

Pourquoi ne pas songer à toute cette masse si intéressante ? Pourquoi ne pas comprendre que c'est elle, surtout, qui prendra la plus large part dans le trafic de la voie projetée ?

Il y a là évidemment une lacune.

Le moyen de la combler, c'est de prendre bon marché tout le jour, à n'importe quelle heure, et c'est ce que fera le véritable Métropolitain.

En ces conditions, tout le monde sera satisfait et on aura fait disparaître cette classification :

De bas prix pour les uns ;

De cherté relative pour les autres ;

Laquelle, est en désaccord avec notre siècle, avec nos sentiments.

Bateaux-Omnibus

Au véritable Métropolitain, on a parfois opposé les bateaux-mouches, voyant dans ces services, en apparence similaires, un double emploi.

Il n'en est rien.

D'abord le service des bateaux est absolument incomplet.

Il est interrompu :

Par les brouillards ;

Par la sécheresse ;

Par les inondations ;

Par la gelée, etc., etc.

Or, tout ceci comporte une moyenne annuelle d'environ deux mois pendant laquelle toute circulation cesse de ce côté.

De plus, les dimanches, les bateaux ne suffisent pas. Enfin, la navigation s'interrompant presque avec le jour, chaque soirée la circulation ne peut plus avoir lieu. C'est le désert qui est ainsi fait le soir sur nos quais.

Un tel ordre de choses ne peut être comparé au véritable Métropolitain, à sa permanence, à l'ampleur de ses services, qui commenceront le matin à la première heure pour ne finir qu'après minuit.

Il convient d'ajouter que les bateaux mouches trouveront un avantage tout spécial avec l'état de choses que fera naître le véritable Métropolitain.

Aujourd'hui, sans correspondance avec les omnibus, leur trafic laisse à désirer ; quand les correspondances seront supprimées, ils rentreront dans le droit commun et par conséquent auront les mêmes avantages que les autres modes de transports. C'est donc une augmentation de gains, qui leur est offerte, et non une atténuation.

Métropolitain sur la Berge

On a proposé d'utiliser le sous-sol des quais de la Seine pour établir un Métropolitain.

Ce projet rencontre des difficultés, que, sans trop oser, je n'hésite pas à qualifier d'impraticables.

D'abord il force à remanier tous les ponts, puisqu'il faudra pratiquer dans leurs culées les passages nécessaires à la voie.

Or, je doute qu'un semblable travail de réfection soit autorisé, sans compter le coût énorme d'opérations de ce genre. Il faut de plus considérer que de semblables opérations arrêteraient longuement la circulation, que probablement elles altéreraient la solidité des ponts existants.

Ensuite, il faudrait compter avec les difficultés de raccordement, les tranchées à exécuter, etc.

Puis, souterrain sous les quais ou souterrain sous les voies publiques, c'est toujours le même système défectueux.

Celui sous les quais avec façade sur la berge aurait de plus l'inconvénient, qu'il serait couvert à chaque inondation. Or, non seulement il y aurait arrêt dans le service ; mais après le retrait du fleuve, la voie resterait chargée du limon de la Seine. On voit d'ici, et les difficultés de curage et la pestilence qui subsisterait, par suite des matières organiques incrustées dans les coins et recoins du tunnel.

Je sais que dans le projet, il serait latéralement aéré par des baies ouvertes sur la Seine. Mais ceci ne suffirait pas à détruire les ferments amassés et les lois de l'hygiène défendent absolument l'usage d'un semblable mode de transport.

VOIES ET MOYENS

La réalisation de la vaste entreprise, que nous venons de décrire peut se faire de trois façons différentes :

1° Par la Compagnie des Omnibus, dont la concession serait ainsi augmentée et qui utiliserait son matériel existant dans les lignes conservées, aussi bien que dans celles devant desservir le Métropolitain.

2° Par la Ville et l'Etat, qui, ayant désintéressé la Compagnie des Omnibus, mettraient en régie, et par fractions séparées, les différents services à exploiter ;

3° Par une Compagnie spéciale remboursant la Compagnie des Omnibus et exploitant le réseau complet.

L'avis des autorités est évidemment utile pour décider sur ces trois points. Ce qu'il importe de constater, c'est que l'un ou l'autre moyen permettra la réalisation de cette grande entreprise.

Peut-être objectera-t-on que ce projet, quoique datant de 1885, arrive à la dernière heure ; qu'un autre a été étudié et doit être présenté à la présente législature.

Il n'y a encore rien de terminé, voilà le fait. Et si

les intérêts de la capitale doivent être mieux servis
par une nouvelle conception, il n'y a pas à se rat-
tacher à une précédente.

Est-ce que les Anglais ont hésité à mettre de
côté leur projet d'Exposition, quand le palais de
Cristal leur a été proposé?

Ce n'était l'œuvre ni d'un ingénieur ni d'un
architecte, mais d'un jardinier. Il a donné meilleure satisfaction au problème, cela a suffi. En
quelques jours il a été apprécié, accepté mis en
œuvre.

Est-ce que l'on a hésité encore dans la question
des Halles centrales?

Un premier pavillon en pierre était bâti quand
on a reconnu qu'une construction en fer remplirait
mieux le but. Aussitôt on a démoli ce pavillon et
l'on a édifié les halles actuelles, qui sont devenues
un modèle du genre.

Est-ce que pour l'Opéra on n'est pas revenu sur
des projets arrêtés, quand l'idée d'un concours
s'est présentée?

Le monument que nous possédons est le résultat de ce concours; et c'est une œuvre initiale,
grandiose, sans rivale dans le monde, qui a ainsi
surgi.

Ce qu'il faut donc, avant tout, pour réellement
atteindre le but dans de semblables questions, c'est
donner satisfaction aux besoins du public.

Or, le Métropolitain souterrain n'atteindra pas
ce résultat, qu'il soit fait par les uns ou par les
autres. Il laissera les transports dans Paris
coûteux, incomplets. Il détruira le commerce, nuira
à maintes industries.

Les chemins de fer aériens, dans l'axe de nos voies ou au travers des maisons, n'atteindront pas mieux le but.

Seul, le véritable Métropolitain, c'est-à dire celui sur la Seine, arrivera avec des avantages incontestables qu'il n'y a pas à craindre de faire apparaître, parce qu'ils sont caractéristiques et servent les intérêts de tous.

Ces avantages les voici :

1° Il fournit un travail considérable, intelligent pour nos populations ouvrières ;

2° Il rémunère le capital employé ;

3° Il résout la question du bon marché du transport dans Paris ;

4° Il ne déplace, ne nuit à aucun intérêt.

5° Il n'exige aucune expropriation dans Paris.

6° Il donne une plus-value considérable aux quartiers, qu'il traverse ;

7° Il facilitera la circulation dans les zones éloignées ;

8° Il permet les logements et la vie à bon marché ;

9° Il peut se construire sans gêner la circulation, sans embarrasser la ville ;

10° Il est le véritable trait d'union, qui puisse être établi entre toutes nos voies ferrées ;

11° Il apporte à nos artistes la possibilité de créer des monuments nouveaux, dignes de notre époque ;

12° Il ne crée pas de charges pour l'État ;

13° Etant donné la réalisation de Paris port de mer, il conduira les intérêts parisiens directement, vers les terrains où pourront s'établir les bassins et chantiers du port de l'avenir.

14° Il devient pour la fortune publique une source d'accroissement.

Voilà les faits, que doit produire l'établissement du véritable Métropolitain.

C'est la conviction de l'obtention de ces résultats, qui a guidé la présente étude.

C'est elle qui me permet de dire que la vraie solution réside dans la satisfaction des intérêts généraux, parce qu'avant tout, il faut que ces intérêts soient servis et respectés.

Je me résume.

La question actuelle ne gît pas dans une situation venant de circonstances préexistantes, mais bien dans la satisfaction à donner à la population.

Si, sous ce dernier rapport, l'hésitation se rencontrait dans les hauteurs administratives, ce serait dans l'opinion publique, qu'il serait possible, je le crois, de chercher le verdict. J'ai la conviction que, mise en position de se prononcer, la population parisienne saurait vite désigner le cadre convenant le mieux à ses besoins comme à ses aspirations et, pour ma part, j'appelle de mes vœux un concours qui permettra de juger le moyen préférable à employer.

Ch. TELLIER

20, rue Félicien-David (Paris-Auteuil).

PARIS. — IMP. CHARLES SCHLAEBER, 25, RUE SAINT-HONORÉ.

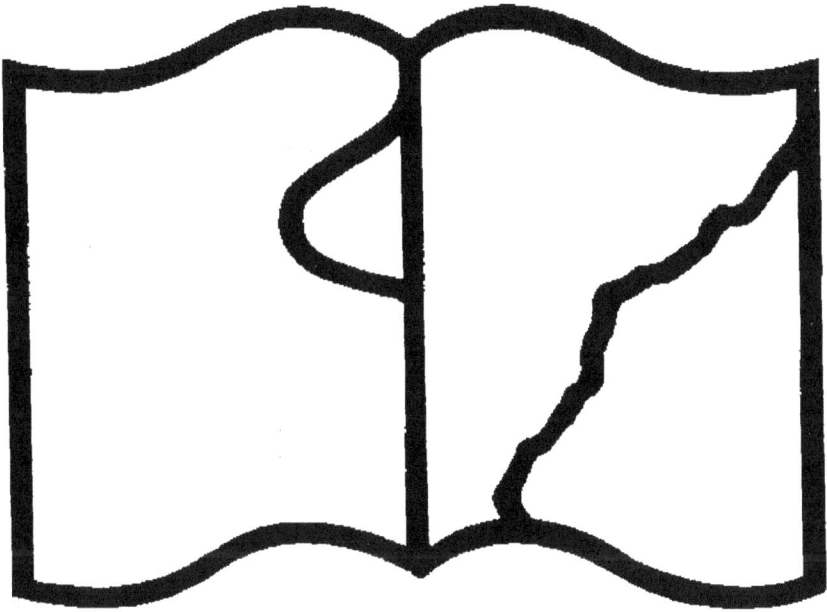

Texte détérioré — reliure défectueuse

NF Z 43-120-11

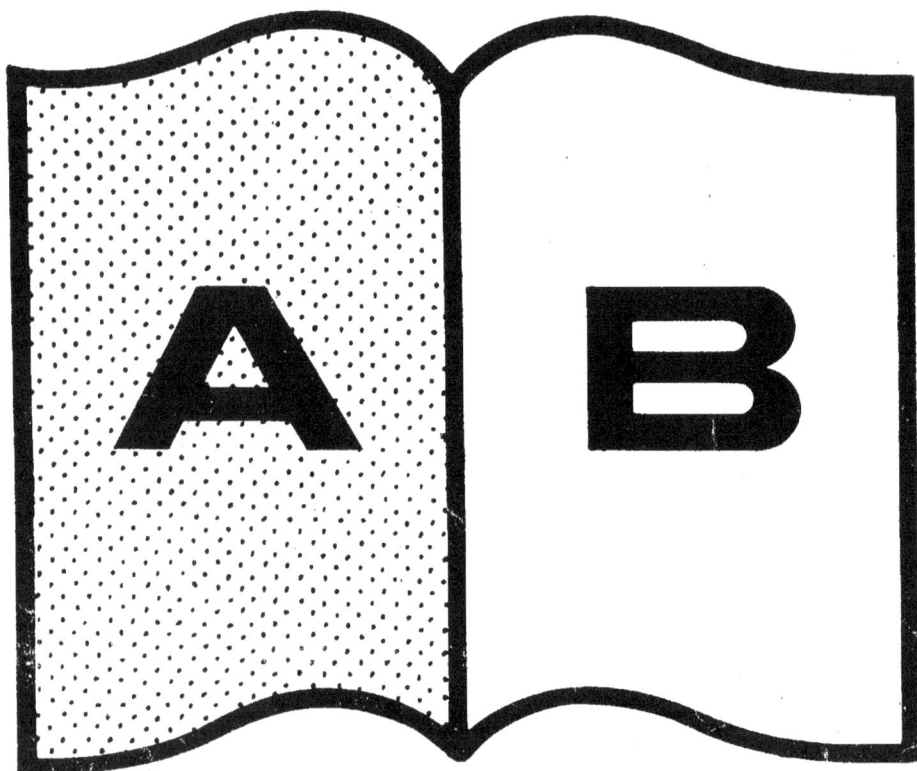

Contraste insuffisant

NF Z 43-120-14